智元微库
OPEN MIND

成长也是一种美好

心理动机

激发行动力的底层逻辑

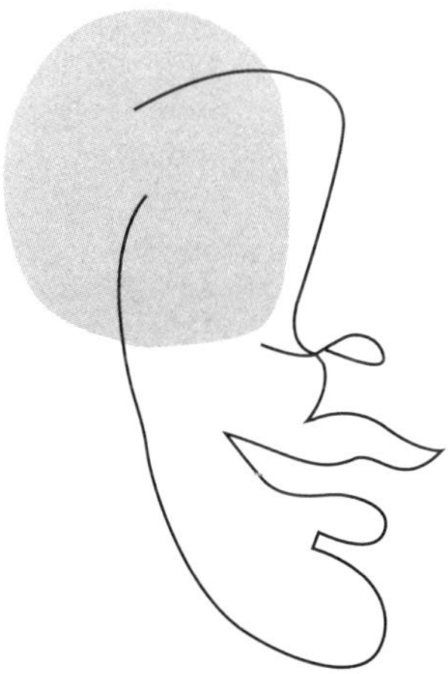

［瑞典］
安吉拉·阿霍拉
(Angela Ahola)
著

邝慧玲
译

DINA
DOLDA DRIVKRAFTER

人民邮电出版社
北京

图书在版编目（CIP）数据

心理动机 ：激发行动力的底层逻辑 / （瑞典）安吉拉·阿霍拉（Angela Ahola）著 ；邝慧玲译. -- 北京 ：人民邮电出版社，2021.7
ISBN 978-7-115-56468-9

Ⅰ. ①心… Ⅱ. ①安… ②邝… Ⅲ. ①心理学—通俗读物 Ⅳ. ①B84-49

中国版本图书馆CIP数据核字(2021)第079012号

◆著　［瑞典］安吉拉·阿霍拉（Angela Ahola）
译　邝慧玲
责任编辑　张渝涓
责任印制　周昇亮
◆人民邮电出版社出版发行　北京市丰台区成寿寺路 11 号
邮编 100164　电子邮件 315@ptpress.com.cn
网址 https://www.ptpress.com.cn
天津千鹤文化传播有限公司印刷
◆开本：880×1230　1/32
印张：9.25　2021 年 7 月第 1 版
字数：165 千字　2021 年 7 月天津第 1 次印刷
著作权合同登记号图字：01-2021-0257 号

定　价：59.80 元

读者服务热线：（010）81055522　印装质量热线：（010）81055316
反盗版热线：（010）81055315
广告经营许可证：京东市监广登字 20170147 号

本书写给我的孩子亚历克西娅·阿霍拉（Alexia Ahola）和安东尼娅·阿霍拉（Antonia Ahola）。愿你们能将动机转化为自己的超能力！

序言

很高兴你选择了这本书！我真心希望你能享受阅读这本书的过程，一如我写书时那样。

我叫安吉拉·阿霍拉，是心理学博士。目前，我的工作主要是通过开设讲座、撰写书籍解释人类的一些特性，比如我们的需求、人际关系和行为，以及我们如何更好地解读彼此。

为什么要写一本与动机有关的书呢？

回答这个问题之前，我先和大家分享一个多数芬兰孩子都要接受的小小“考验”（这个考验相当“严苛”）。在我外甥八个月大时，我们对他进行了这个经典的小考验。那时，一家人全员参与，空气中弥漫着对孩子的殷切期望，便携式摄像机也准备就绪（那时候手机的拍摄功能还不像现在这么好）。这个考验就是在孩子面前把物品一件一件地摆放好，任他抓取：一卷捆紧的钞票、一本《圣经》，还有一瓶伏特加。想必你已经猜到，这个类似“抓周”的小测试与我们的动机、人生选择有关。物品摆放完成后，我的外甥便准备爬向他想要的东西，而我们则小心翼翼地观察哪个物品会吸引他的注意。果不其然，他爬向了《圣经》，这是一个好兆头，毕竟传奇故事里总是写道：选择《圣经》的孩子也会把知识当作自己的指明灯（而非金钱、权力或酒精）。

自古以来，人们一直对影响行为的动机十分着迷，好奇为什么人们会有某些行为。一旦我们对行为的动机有所了解，那么了解自己和他人都会变得更容易。我们能够更好地预测将会发生什么以及身边的人会有怎样的行为。比如，对于有些人而言，探索知识是一个很重要的行为动机；而有些人则渴望权力和地位；还有些人十分追求稳定关系。但共同点在于，我们都有内在动机因素，只不过各个因素的比重因人而异。

我研究过与第一印象有关的心理现象。我发现，人们在第一次见到他人时，会无意识地问自己几个问题：首先是，这个人善良吗？有同理心吗？可靠吗？其次是，这个人有能力吗？地位如何？为什么会问这些问题？其实这背后关乎生存，即人们通过这些问题判断对方是敌是友，会给我们造成威胁还是带来希望。

上述问题促使了我撰写本书。在某个暑假，我拟好了本书的大纲：这本书主要讲述人们对稳定关系的追求、对地位的渴望以及对新知识的探索。那时候我刚好在位于芬兰南部的消暑小舍中，我的母亲塞亚和我的两个女儿亚历克西娅、安东尼娅也在。大约凌晨一点，我的母亲和女儿都已入睡。就在彼时、彼地，我拿起放在床边的笔记本，写下了这本书的大致脉络。

的确，讲述“人类动机因素”的书数不胜数。现已有很多关于如何改善人际关系、如何更好地运用自己的影响力，以及如何学习新事物的书。但在本书中，你会看到不同的内容。你将看到我们为什么拥有这些潜在的动机、这些动机如何体现，以及它们会给你的生活带来哪些问题。并且，本书会提供实际有效的方法，帮助你更好地管理这些动机，将自身动机转化为“超能力”。简而言之，我们将要踏上一场探索之旅，了解是什么构成了我们的本质，以及我们行为背后的影响因素。

本书的撰写过程中出现了不少插曲：手稿要编辑、封面要设计、护封的背面也要写上相关描述，更不要说我还处理了很多现实生活中的事情。但是，我有信心保证，一旦你对动机有所了解，那么你的生活便不会像之前那么艰难，也会有更多的乐趣。我真心希望你读完本书后也会有如下感受：从此，人类的行为和互动不再是无从下手的谜团；从此，你对自己和他人都有了更敏锐、更独到的见解。

安吉拉·阿霍拉

2020 年 2 月 2 日于斯德哥尔摩

目录

影响行为的三种主要动机

什么是人类所有行为背后的共同追求

你是否思考过人们行为背后的原因？或者思考过一个更常见的问题：你的行为背后的原因是什么？

例如，为什么你总是没有时间观念，总是半途而废，或者明明有很多选择，却总是无法做出足够明智的决定？而你又为什么不把更多的时间用在让你高兴，或者指引你生活的方向的事情上？

再思考一下你的人际关系：你是否注意到人际关系中的矛盾往往由同一类问题引起？和一些人在一起时，你感觉与他们“相见恨晚”；而和另一些人相处时，你们的关系却总是止步不前。在某些关系中，你可能消耗得太多，以至于没有足够的空间自我喘息。

究竟是什么影响了我们选择和谁待在一起？为什么人们

总是和邻居比、和同事比，甚至和亲朋好友们比？为什么不论是在学习成绩、肱二头肌还是在孩子是否优秀等方面，人们都讨厌低人一等的感觉？人们一方面想要寻找与他人的共同点，另一方面又接受不了别人在聚会上和自己撞衫。当人们发现自己可能陷入了一段毫无益处的关系，或者发现自己的收入突然比伴侣高时，不可避免地就会面临婚姻危机。

那么，到底是什么在主导这一切？

人类可能频繁做出不理智的行为。人们的心情起伏不定，因此从概念上来说，情绪似乎很令人费解。更不必说人际关系的复杂性：如果人际关系很简单，那么一些地区便不会有如此高的离婚率，一些职场中也不会有那么多的尔虞我诈……但人们不可能和所有人都“心意相通”（事实上我们通常无法理解彼此）。

损害人们关系的问题依旧存在，但是社会环境却发生了翻天覆地的变化，因此人们现在面临的各种问题是人类历史上独有的全新挑战。虽然时代有了变化，但人类没有。作为人类，我们的行事方式几乎和 20 万年（有科学家认为这个时间比 20 万年更长）前别无二致。

两大目标

可以确定，人类生来至少有两大目标：一是生存，二是繁衍。如果人类没有努力地生存、繁衍，那么人类不可能走到今天。

设想一下，有没有这样一种可能：你在醒着时，其实并没有过多地思考当下紧迫的生存问题？毕竟，你我都不会终日想着如何随便找一个人繁衍后代，也不会忙着找栖身之处，囤积大量的食物和饮料，或者没日没夜地埋头苦干，只把活着当作唯一的目标。这些行为的意义都不大。

但是，当你担心会议迟到或聚会时穿错衣服时，你的大脑其实正在考虑生存问题：要是我被排挤了怎么办？社会排斥所产生的风险是人类早期面临的巨大威胁。当饥饿、寒冷和掠食者等最紧急的风险已然不构成威胁时，人类便开始观察周围的环境，思考是否存在其他威胁。显然，人们知道聚会时穿错衣服或会议迟到都算不上对生存的直接威胁，但人们的大脑确实认为，这类事物对生存构成了威胁。早期的认知机制延续到了今天。

简而言之，一种无形又普遍存在的力量塑造了人们的思想和行为。加强对人类行为形成原因的理解能让人们的生活变得更容易，也能改善人际关系，同时，这也能改善人们与自己的关系，因为这使人们更能理解自己的动机。

第一印象

作为一名职业讲师，我时常会分析人们彼此之间的第一印象：如果忽略当下的见面背景，比如在销售会议中的见面，以及医生和患者、教师和学生，或顾问与客户的见面，那么两个人见面时会发生什么？与他人见面时，人们会问对方一些自己在脑海中预设过但本身并没有意识到的问题。如果首次见面留下了好的第一印象，那么这段关系就有继续发展的可能性。如果第一印象不好，那么之后人们可能会感到无所适从，毕竟第一印象通常起着决定性作用。

上述在见面中发生的事情并非偶然，实际上这些事往往遵循一定的规律。首先，第一印象很快便会形成，并且很难改变。一开始，人们对他人的怀疑往往也多于善意，这一现象被称为烟雾探测器原理。它是指，即使对某事只是稍有怀疑，人类也倾向于在心中拉响警报。人们能更快地捕捉消极的而非积极的信息，因为这样做有利于生存。此外，人们不太会改变对彼此的第一印象，这被称为证真偏误（confirmation bias），即人类在潜意识中倾向于注意那些能验证自身观点的信息。

第一次与对方见面时，人们会问自己一些关于对方的问题。人们想了解的第一件事是：我能信任对方吗？对方是一个善良、正直的人吗？除此之外，人们还想知道：对方的社会地位如何，能力怎样？

因此，人们首先想了解对方及其意图：他是残忍的还是善良的？是敌还是友？这是最重要的。其次，人们想知道对方的能力：无论目的是好还是坏，其具备哪些可以达到目的的能力？人们通过各种方式传递这类信号，包括肢体语言、服装、模仿、语调、社交媒体及通信手段等。

上述问题深深根植于对稳定关系的追求、对地位的渴望和对新知识的探索这三大基本动机中。因此，对稳定关系的追求、对地位的渴望和对新知识的探索是本书探讨的三大动机。

动机一：对稳定关系的追求

本书讨论的第一个人类动机体现了人们对社会互动和社交关系的需求。毕竟，如果人们没有这一需求，难道不是很奇怪吗？但这一点还不是能让人立刻信服的事实。因为地球上有很多物种不需要群居生活。然而，人类对他人的行为、情绪和面部表情却异常感兴趣。换言之，人们十分好奇谁和谁做了什么，人们需要知道这些基本信息：我们能信任谁？谁在装腔作势？谁又认识谁？

在社交情境中人们能更自在、更良性地发展。人们发现生活中有好人——他们关心他人、乐于助人，也是富有同理心的倾听者。同时，也有自大、不可靠的人——他们竭尽所能地诋毁、欺骗他人。再比如，你完全没有想过让一些人帮忙照看你的孩子，你也可以全然放心地把孩子和自己的性命托付给另一些人。

当然，其中也涉及神经化学。人们的身体会分泌催产素①，即哺乳激素或放松激素。在社交过程中，或者当人们拥抱他人时，催产素水平会上升。甚至有研究表明，催产素水平高的人更能体恤他人，行事更慷慨。[1]

实际上，向他人表明你对他的信任，足以促进对方的催产素分泌！但同时，你特定的言行也会抑制他人催产素的分

① 在下丘脑合成的一种激素。其主要作用为刺激子宫收缩、促进分娩和排乳。

泌。也就是说，人们的行为可以轻易地影响他人催产素的分泌情况，进而影响人际关系。

时至今日，人们的生活方式中存在很多通过抑制催产素分泌破坏人际关系的因素，包括压力、缺乏信任和缺乏同理心。所幸，只要我们摸清问题的来源，即便是这样的巨大挑战也会有应对策略。懂得这一道理，在任何职场环境中，在所有家庭中都很重要。

人们有建立人际关系的需求，但是，人际关系显然是一门具有挑战性的学问。人们可能面临很多问题，比如仅仅是因为害怕孤独，人们便不得不在一段恶性关系中拉扯，或者过分纠结于某些人的行为，于是凭空臆测、怀疑他人并且对他人说三道四。

人们的工作节奏和工作表现会受他人影响。有别人在身边时，人们甚至会更快地喝完杯中的饮品。人们为孩子起什么名字，听什么音乐，喜欢什么歌曲，买什么衣服，工作有多努力，等等，都受他人的影响。虽然可能不是完全按照你想象的方式，但人们的选择其实一直被他人的选择影响。有时候人们想要合群，但大多数时候，人们希望尽可能做到求同存异。

动机二：对地位的渴望

人们往往热衷于了解有权有势的成功人士，比如，瑞士最成功的家族如何建立自己的商业帝国。报纸上有相当一部分信息或多或少是关于其他人的“八卦”，包括体育名人、电视明星等——谁刚刚离婚了？谁正在闹离婚？谁败家了？谁出轨了？和谁出轨？丑闻能吸引视线，媒体深谙此道。

如果人们不在意社会地位，那么关于“成功学”的书籍便不会存在了。在现实中，仅仅是提到“我想要拥有更高的地位”就足以让很多人感到难堪，畏首畏尾，但这确实是人们的基本动机之一。试想一下，若我们完全没有任何影响力，那么我们的话便会被当作耳旁风。我们无法找到理想的工作，在职场上、朋友之间、家里的餐桌上，可能得不到关注。

在获得地位时，人们体内会分泌更多的睾酮素[①]和血清素[②]，这表明人们从中获得了某种乐趣。于是人们努力提升地位，并收集能显示自身地位、表明自身成功的标志。这些标志或许不是有些人最初认为的那样：有些人此刻追求的不仅

① 由男性的睾丸或女性的卵巢分泌，与性欲、免疫功能等有关。

② 参与调节痛觉、情绪、睡眠、体温、性行为等活动。

是名包、豪车和名表，还包括任何与自身和社交圈相关的事物。对有些人而言，成功最有力的证明便是完成一本书的创作；而对有些人而言，成功意味着成为训练有素、完成铁人三项比赛的运动健儿。还有些人为自己出色的学习成绩而自豪，或者认为自己创办了合伙企业，并成为其中的董事会成员，便是成功。

对地位的追求让人们不断与他人做比较，但很多时候人们其实根本不愿意这样做。比如，比一比谁家的房子最好？谁的假期过得最奢侈？或者谁家的孩子最优秀？这些比较乍一看毫无意义，还很恼人，但自古以来，了解自身的排名与等级有助于人类进化，明确自身地位也能减少伤害和冲突。例如，它让以前的人们在每一次本部落狩猎成功时，都可以避免因食物问题与部落成员发生致命的冲突。如果知道自己排在第三，那么就明白应该让第一和第二优先享用猎物。那么炎炎烈日下的避暑胜地呢？当然也不需要为此做无意义的纠结。

社会阶层对个人有所帮助，对群体也有所裨益。它让我和你变得更加强大，让我们都存活下来。阶层意味着秩序和稳定，也能促进合作。善于与他人做比较的人能生存下来，因为他们知道什么时候该轮到自己，什么时候能插队。正如人们对食物和性有欲望一样，人们也渴望地位。

只可惜，追逐“成功”要付出代价。刚刚我们已经提到了其中一个问题：过分追求“成功”导致我们不断与他人做比较；而另一个问题是：为了和“成功者”站在同一阵营，我们的投入严重超支。遗憾的是，在这种情况下有些人还见不得别人好，因为这会激起有些人的挫败感。有些人总是粉饰、抬高自己，让自己看起来比实际更“成功”。在爱情里人们会与他人比较，即便是无意识的，这其实会增加不忠于伴侣的可能性。人们追求地位，因自己过度工作而忽略了重要的人际关系，把更多的时间用于无法让自己快乐的事情。

社会地位很有意义。人们的神经化学机制让我们关心自身地位。通常当事事顺利，感觉自己更有影响力时，人们的情绪便比较积极；而当诸事不顺或发现别人过得比自己好很多时，人们的情绪较为消极，这就是神经化学机制对我们的影响。

动机三：对新知识的探索

第三个动机是对知识的探索。人类乐于寻求信息，正如

17 世纪哲学家托马斯·霍布斯（Thomas Hobbes）所说，人们有了解“为什么”的需求。

随着人类越发了解周围环境，其生存概率也不断升高。我们学会了如何控制火，了解了天气的瞬息变化如何影响不同的物种，并掌握了最有效的狩猎方式。

掌握以上知识的祖先拥有更大的生存优势。之所以说“我们对世界了解得越多，便越能更好地生存”，是因为在进化过程中，人类被赋予了寻找新信息的本能。当人们掌握新知识时，大脑中的激励机制便会被激活——分泌多巴胺[①]。人们积累知识，就像其他哺乳动物储存食物和水一样。事实上，“积累新知识”胜过一顿佳肴、一瓶美酒和一夜春宵。人们尊重事实，也享受学习新事物的感觉。好奇心帮助人们探索身处的世界，进而适应环境、管理环境，而这一切都是为了生存。对他人的好奇心也推动了社会结构的形成与后代的繁衍（即“动机一”）。

当然，事物都有两面性，好奇的另一面是，这种好奇心

---

① 是由大脑分泌的神经递质，参与对躯体运动、精神活动的调节。多巴胺的分泌可以让人感觉良好，而当多巴胺分泌不足时，人会变得迟钝、消沉。——译者注

本质上是无休止的。它驱使人们寻找新的感受，寻求刺激，以免无聊。正是这种好奇心使人们不断查看邮件，在社交媒体中流连忘返，不论人们发布了什么动态都要看一看。管理这种无休止的好奇心已然成为这个时代面临的几大挑战之一。从进化的角度来看，这个行为完全可以理解，因为人们不过是付出了该有的努力来增加我们的生存概率而已。但问题在于：现在人们生活在一个信息爆炸的时代，对新知识的探索在以前大有裨益，在现在却会压得人们喘不过气。

这种好奇心带来的后果是：在现在，人们很容易分心，并且深受其害。不加节制地使用电子产品影响了人们的认知能力以及在工作和学习中的表现，减少了人们对彼此抱有的同理心，也破坏了人际关系。人们开始难以辨别事情的重要性，无法意识到一些意义不大的事情其实在分散自己的注意力。研究表明，仅仅十分钟不使用手机（你应该很熟悉这种对手机的依赖），人们就会变得更焦虑。[2]

人们有很强的搜集信息的动机。当其他人尝试阻挠人们获取信息时，人们就会感到焦虑，有时会出现强迫症的症状。显而易见，这并不能帮助人们实现人生目标。因为这样既无法改善人际关系，又不能提升生活质量。

暂时的满足

需求好比易腐品，需要持续不断地提供新的“补给”来替代之前的需求。例如，和别人交流了一段时间后，人们会有一段“饱和期”，而社交需求会在这之后悄然出现。亚里士多德的适度原则（moderate mean）是指：人的特质和需求都有一个“合理的程度”，比如获得适度的地位，建立适度的人际关系，拥有恰到好处的知识储备，等等。而这种适度状态因人而异，因为每个人都与他人有所不同。

比如，迈克尔比伊娃更爱和别人打交道。当两人的社交需求没有得到充分满足时，他们都会有与他人交流的欲望。而一旦两人的社交需求刚好得到满足，他们便会暂时感到满意，这就是所谓的饱和期。之后如果出现更多的社交场合，两人就会有想要抽身离开并独处一会的冲动。想象一下，在一次聚会中，伊娃在和别人交流了两小时后感到心满意足，这时她已经暂时不需要更多的陪伴了；而迈克尔则不同，即便聚会凌晨三点才结束，他也不会满足，此时他可能已经开始组织这之后的小聚会了！

再比如，报复心强的人需要竞争、冲突、对抗和攻击性。

这类人如果过了几天风平浪静的日子，便会察觉自己开始想要寻找新的冲突点。时间越是流逝，他们就越想和别人发生冲突。同样，如果让他们感到如愿以偿所发生的冲突严重到超出他们的预期，或者当他们对某个人的行为抱有特别的敌意时，他们反而开始倾向于做个和事佬。这些行为背后的目的是控制局面，即遵从亚里士多德的适度原则，找到自身最适度的状态。[3]

学习成为更好的自己

对于人们的人生而言，对稳定关系的追求、对地位的渴望和对新知识的探索十分重要。长达数百万年的自然进化塑造了这三种动机，让人们以智人的身份生存至今。大多数现代人的生活水平都比我们的先辈好得多，这也难怪人们会问：为什么我们拥有这么多好的资源，却还是感觉这么糟糕？其中一个答案是：人们需要通过新的方式与方法，才能成为最好的自己。因为人类的世界早已改变，而人类的本质却一成不变。动机属于人格的一部分，会影响人们的需求、人际关系和行为，但很少有人思考动机。

动机影响人们的消费。

动机滋生冲突。

人们的求职受动机影响。

人们的想法从动机而来。

动机左右人们的约会。

人们基于动机做出决定。

动机影响人们对时间的分配。

此外，人们的人际关系也受动机影响。

每个人的性格不同，因此满足人们共有需求的方式也因人而异。但是如果人们无法意识到自身行为背后的原因与影响因素，便不会有任何进步。人们会像往常一样庸庸碌碌，重蹈覆辙。

要先认清自身动机，这样才能掌控它。正如足球高手只有先对自身优劣势有了实际而恰当的认识，才能有新的领悟一样，你需要正视、承认你的动机，承认你的优点和缺点，这样才能把动机变为超能力。

这时，了解人类的神经递质，即与神经细胞交流的化学物质便至关重要。如果知道是什么化学物质决定你的喜怒哀乐，又是什么化学物质诱发、引导你的行为，你便能以更平和的方式接纳这一切，也更容易理解并且原谅身边最亲近的人。

诚然，人生并不总是一帆风顺。事实证明，做最好的自己并处理好自己的人际关系并非易事，但是，千万不要陷入过度的自我批评。你不如躺下稍作休息，拍拍自己的肩膀，告诉自己这样一个简单的事实：用祖先们留下来的方法实在无法在现代社会中轻松地活下去。当然，可能你已经在现有条件下体会着十分精彩的人生了，但相信在读完本书后，你会过得更好，也会从一个新的视角看待自己和身边的人。

在本书中，你将了解为什么自己的动机在某些情况下会“损人利己”。即便如此，你的动机也不一定把持你人生的掌控权，只有你自己才能掌控自己的人生。本书会提供一系列方法，帮助你更好地理解为什么你及其他人会做出某些行为，进而帮助你更轻松地应对日常生活，把事情完成得更好，建立更好的人际关系。

本书不想说教，也不会告诉你该怎么做，本书探索的是你和我的本质。除此之外，本书也关注人们要怎样才能不被自身心理动机过分左右，成为更成功、更幸福的自己。

在深入探究三大动机之前，先来看一看影响人们特定行为的因素，思考是什么导致了人们的行为？我们还将解读学者史蒂文·赖斯（Steven Reiss）的模型学说，因为该学说在一定程度上奠定了本书三大动机的基础。此外，我们会讨论什么是人格，以及这三种动机与人格的关系。

人们行为背后的原因是什么

假设你刚刚做了一件能体现你的善良和同理心的好事。那么，你为什么会这样做？这个问题可以引申为：人们行为背后的原因是什么？

约翰·华生（John Watson）的行为论（behaviorism）认为，人类的行为完全是可塑的。在特定环境下，人们的行为可以被人为地设计。根据华生的说法，任何被随机选取的十名婴儿都能完全按照我们的意愿成长。

该理论在20世纪中期可谓是美国心理学界的主流思想，心理学家基本上完全相信这一理论，这甚至导致他们只关注环境因素对人类行为的影响。这样一来，他们也就忽视了其他影响因素。

如今，包括我在内的许多心理学家都认为，站在多个不同的视角才会尽可能正确地解读人类行为。并且因为影响特定行为的原因有很多，所以解读方式也各有不同。

罗伯特·萨波斯基（Robert Sapolsky）在其著作《行为》（*Behave*）中提到：人类行为的第一类影响因素与神经化学有关。也就是说，在人类即将做出某一行为的那一刹那，大脑发生了什么变化？[4]

接下来，聚焦下一类影响因素，向更早之前追溯。哪一种感官接收的信息会刺激神经系统，从而导致人们做出某种特定的行为？是视觉、听觉还是触觉？

激素也是一类行为影响因素。现在可以接着向之前回溯，探讨某一行为发生前几小时或几天的情况。到底是什么让某个人马上就能精准地接收感官传递的信息，从而有可能做出某种行为呢？

当然，还有很多行为影响因素值得研究，行为的影响因素和影响模型也远不止上述这些。我们可以顺着时间回顾我们所处环境的细节，比如想想前几周或前几年，回想这些细枝末节如何影响我们的大脑。当身体在当下分泌激素，应对所处环境中的各种刺激时，请思考大脑为了改变自己应对激素和环境刺激物的方式做出了哪些变化，也可以通过回想自己的孩童时代来寻找答案；或向更早追溯，回到我们还在母亲子宫中时，从我们每个人特有的基因组成中寻求真相。

在思考有关行为的影响因素时，我们何不把眼界放宽，探究个人以外的因素呢？比如文化如何塑造你的行为？什么因素影响了你的文化？文化又如何影响某些行为的发展？现在，我们看待问题的视角是变得更宽阔、更迷惑了，还是豁然开朗了？仅仅是一个行为，便可以有以上这么多不同层次的解释……

神经化学机制是行为的一大影响因素

人类是复杂的生物，但关于人类的大多数事情仍有迹可循，即人们的行为和动机可以被解释，也可以被预测。

但需要注意，单从一个方面，比如只从激素、童年或基因等视角，无法解读所有行为。研究行为时，我们应当进行跨学科研究，而非只关注一个完全孤立的学科领域。涉及行为影响因素的学科都是相互联系的，已有学科可以引申到下一个学科，一个学科又会影响另一个学科。我们绝不能简单地认为某一行为是由某一个基因、某一种激素或某一次童年阴影造成的。针对行为这类复杂的现象时，我们必须综合考虑所有因素。

现在，来看一看影响行为的因素之一——神经化学机制。

比如，人们有时候心情很好，有时候又很不开心，但大多数时候在中间段游离，心情不好也不坏。并且人们无法一直清楚地知道为什么自己心情不好，这让人很郁闷——因为人们似乎找不到一个显而易见的答案来解释这一切。

那么，究竟是什么在左右人们的心情和感受呢？人们的神经化学机制对人们的心情和感受有重要影响。虽然女性和男性的激素并不相同，但同为人类，两者神经化学机制的构成在本质上并无太大差别。尽管如此，这类影响神经化学机制的神经化学物质[①]的分泌水平还是会受到很多不同因素的影响。这显然与基因有很大的关系，但是特定的时间及情况也有不可忽视的影响。

化学信号与激素

人们心情愉悦是因为大脑正在分泌让人们感到快乐的各种神经化学物质。这种机制可以追溯到哺乳动物历史的早期，

① 文中的神经化学物质（neurochemical substance）多指神经递质，但不是所有神经化学物质都是神经递质。——译者注

毋庸置疑，那时人类的生活远比现在危险得多，一生中更是要面临数不清的生死考验。这样的历史背景影响了人类的心情，人类分泌神经化学物质的目的只有一个：提高人类的生存概率。

需要注意的是，只有在做了提升生存概率的事情时，大脑才会分泌这类神经化学物质。可以提升生存概率的事情有很多，其中大部分与食物、安全感和社会支持有关。在这些情况下，身体会向大脑发送信号："嗨，这件事对你有好处，因此多多益善！"但是，快乐的时光很短暂，人们需要努力奋斗才能获得幸福。因此，想要满足自己的需求，人们也需要不断努力。

如果给予内心满足感的这类神经化学物质持续不断地分泌，那么人类的祖先就会终日躺在树下——无所事事、毫不积极、安于现状。人们如果过于依赖这类神经化学物质，那么即便一事无成也会心满意足。但如果是这样，人类的祖先就不会寻找更多的营养物质，不会警惕掠食者，更不会有寻求配偶的欲望，人类也不可能在自然界中存活并成功地延续基因，人类这个物种可能会直接灭绝。

这类神经化学物质会引导人们采取有效的行为，因此在分泌这些神经化学物质时，人们感觉良好；而在不分泌时，人们的心情便会受到影响。神经化学物质的分泌不一定能帮助个人采取最优的行为，获得最好的结果。

但是，这类物质推动人类所产生的行为有益于人类整个物种。这类神经化学物质在被身体分泌后，便会被机体新陈代谢，即这类物质的效果会逐渐消失，这时人们会开始感觉"哪里不太对劲……"为了让身体分泌更多的神经化学物质，人们需要付出更多的努力。

大脑的不同构造

人类大脑有两大主要部分：皮质和边缘系统。在皮质中能找到额叶，额叶负责管理行为和行为导致的结果，也帮助我们判断是非对错。因此，额叶可以被称为做出判断的控制中心，引导理性思维的总司令。

皮质负责对不同的结果和潜在的未来场景进行预判，即"如果我这样做，那么会产生那样的结果"。这样，人们不仅可以依赖自然的反应和冲动，还可以借鉴以往的经验，产生相应的行为。但皮质无法控制神经化学物质的分泌，因为这类物质由边缘系统调节。人体自动分泌神经化学物质是为了提升生存概率。皮质可以通过向边缘系统发送信号改善人们的决策过程，但神经化学物质的分泌仍然由边缘系统控制。杏仁体是边缘系统的重要组成部分，它可以提醒大脑的其他区域警惕危险。此外，杏仁体还与人们最后悔的行为有密切的联系。

边缘系统主要分泌四种令人愉悦的神经化学物质：催产素、血清素、多巴胺和内啡肽，以及破坏心情的激素——皮质醇[①]。当产生恐惧、悲伤、愤怒等情绪时，大脑会分泌皮质醇，皮质醇也能提醒人们是否出现危机。

人类的身体还会依据古老的生存决定因素运行神经化学机制（数百万年来，这些因素一直在帮助哺乳动物生存），而人们的三大动机也与神经化学物质的分泌密切相关。

① 皮质醇为应激激素，又称压力激素。当人受惊吓、有压力、熬夜、饮食不当、精神紧张时，皮质醇水平都会升高。——译者注

为什么选取这三种特定的动机——什么是人格

在深入探索人类动机之前，我们先进一步解读史蒂文·赖斯提出的“人的 16 种基本欲望”理论，该理论是用来阐述本书三种动机的三个基础理论之一。此外，我们还将探讨人格的含义以及上述动机与人格的关系。

赖斯：人的 16 种基本欲望

数百年来，人类一直对自身行为背后的原因感到困惑，又忍不住为探索答案而着迷。接下来，让我们回溯过去，站在历史的角度回顾相关学者对人类动机的解读。

古希腊时期，人们从身体、思想、灵魂三个维度划分需求。随后，西格蒙德·弗洛伊德（Sigmund Freud）将上述人类需求归纳为两类，即性本能与攻击本能。与弗洛伊德和卡尔·荣格（Carl Jung）同时期的阿尔弗雷德·阿德勒（Alfred Adler）则认为：人类的首要需求是对权力的追逐和自我肯定。爱德华·桑代克（Edward Thorndike）的效果律（law of effect）将人类的需求分为奖励和惩罚两类。[5] 该观点认为，越是会产生奖励的行为越会得到强化；反之，越是会导致惩罚的行为越是会被弱化。他持循环论证[①]观点，将“奖励”定义为“增强行为”的诱因，并认为“任何能强化行为的事物都是奖励”。1943 年，克拉克·赫尔（Clark Hull）提出人类有四种需求：饱腹、止渴、性需求及避免痛感。这些早年提出的许多理论大多数基于动物研究得出，而且通常以食物为奖励，当然，食物对于动物和人类而言都是巨大的动力。1959 年，罗伯特·怀特（Robert White）甚至将胜任力纳入需求的范围，称之为“掌控力”。他认为人类在童年时期便想感知胜任力，并且想掌控周遭环境，这是儿童发展的重要需求，也是大多数人的重要动机。亚伯拉罕·马斯洛（Abraham Maslow）认为人们根据“五个需求层次”发展自我。当最基本的生存及安全需求得到满足后，人们会开始寻求爱、社会地位和认可，最终追求自我实现。

① 即用来证明论题的论据本身的真实性要依靠论题来证明的逻辑错误。

接着我们看一看或许是最近有关人类动机最广泛的调查研究——史蒂文·赖斯的《我是谁：成就人生的 16 种基本欲望》（*Who am I? The 16 Basic Desires that Motivate Our Actions and Define Our Personalities*）。[6] 历时数年，赖斯研究了超过 2554 名 12 ~ 76 岁，拥有不同生活轨迹、背景和工作的调查对象，并得出了该理论。

赖斯认为，所有人都有这 16 种基本欲望，只不过每个人的欲望大小不同。有些人渴望知识，有些人追求地位，有些人则拥有超乎常人的社交需求。比如，对某些人来说，保持亲密感很重要，而有些人则天生不那么追求亲密感。再比如，睚眦必报是某些人的人生信条，而某些人的性格则更为宽容仁慈。因此，不同的人，各种欲望的大小也不同，对每个人而言，重要程度不同的欲望会塑造独特的个体。

以下是赖斯书中对这 16 种基本欲望的分类。其中，他将 11 种欲望分为人际关系、地位和知识 3 类。

1. 人际关系

人际关系对人类的生存至关重要，而维持稳定的人际关系并非易事。赖斯的理论中有 6 种欲望与人际关系有关。

- 社交——对友谊、群体归属感以及与他人亲近的需求。
- 浪漫——赖斯将人类的性需求归纳于此。
- 家庭——养育后代的需求。
- 接纳——获得归属感以及被接受的需求。
- 荣誉——遵循传统道德标准的需求；培养良好性格的需求；忠诚于他人、保持好习惯、坚守原则的需求。
- 理想——希望促进社会公平和社会进步，追求利他主义、同理心、正义感与社会公正的需求。

2. 地位

以下欲望与想要获得地位的需求有关。

- 地位——提升社会地位的需求。
- 权力——获得影响力，对他人造成影响的需求；获得自信的需求；渴望向他人展现成果的需求以及对领导能力的需求。
- 独立——对自主、自由、自立的需求。
- 反击——表达愤怒、憎恨的需求；对反击、报复的需求。

3. 知识

- 好奇——获取新知识的需求；寻找解决办法或寻求“真理”的需求（比如，发现了如何觅食与用最好的方法躲避、掠食动物都帮助人类生存至今）。

除以上 11 种欲望外，还有以下 5 种欲望。

- 运动——感受活力的需求（强壮的动物的耐力更持久，并且体力好的人也有诸多优势）。
- 食欲——进食的需求。
- 收集——囤积食物或其他物品，想要拥有物品的需求（这也是我们收集东西、节俭生活的原因）。
- 有序——遵循一定的秩序、组织和规则的需求；希望通过保持卫生促进身体健康的需求（这些需求都能带来安全感和稳定感）。
- 安宁——对安静、安全的环境的需求；对安全感和情绪上的平和的需求，即对远离恐惧、担心和焦虑的需求。

当然，这 5 种欲望也会影响人们的行为，不过它们各自的本质不一样。如果将收集的需求和食欲联系起来，将保持有序的需求和健康关联起来，那么以上 5 种欲望本质上都与我们的身体有关（而不像前 11 种需求一样，分别与人际关系、地位和知识有关）。

赖斯认为，在以上 16 种欲望中，有 14 种与基因有关，并且人类和其他动物有许多相同的欲望。似乎只有理想和接纳这两种欲望不是与生俱来的。

人格——大五人格模型

关于人格的构成，有几个问题值得思考。人的性格是一成不变的，还是会受所处环境、人生阶段及当下身边人的影响？

你如何应对一个新的局面？面对问题时你会做何反应？学界相信，对这两个问题的答案便能体现你的大部分人格。有些人完全能适应新的局面，甚至主动寻求新的体验；而有些人则会在陌生的局面里被焦虑侵蚀，完全无法自如应对。[7]

在心理学中，“大五人格模型”是最常被用来描述性格的模型。[8] 经过对数千名参与者不断进行研究，学者们得出了人类的五种基本人格特质。

- 外向性
- 开放性
- 宜人性
- 尽责性
- 神经质

该模型认为：所有性格都能被归纳到以上五类中，只是归属的类别不同。（有关大五人格模型更详尽的介绍，以及与不同人格背后的心理有关的更多信息，请查阅本书附录。）

那么，在此模型下，性格是如何形成的呢？

1. 人们适应环境以及环境中其他人的行为。因此，环境和人格都会影响人们。[9]

2. 人们的某些个性特质与生俱来，大约 50% 的性格特点与基因有关。不同个性的人在特定的环境下会更沉浸于特定的活动，更愿意与特定的人相处，即在这些情况下，他们表现最好。但这并不意味着具有外向性特质的人完全不需要独处，也不是说乐于寻求新鲜体验的人就无法理解既定的惯例和常规。

3. 如何得知人们约有一半人格由基因决定呢？曾有一些

研究人员对 4 558 903 对双胞胎进行了长达 50 年的研究[10]，并对结果进行了元分析①处理，共分析了多达 2748 项研究。显而易见，该分析的研究范围较广。研究人员要解决的问题是：人类的性格是否通过遗传得到？最终他们得出的结论是：是的，人类 49% 的个性特点源于父母。

4. 多数理论认为，人格在很大程度上由基因、环境以及当下所处的情况决定。[11] 人们在谈及“人格”时，实则是指人们根据某人已知的行为和习惯来预测其为人处事。我一直认为，人类天生就有基本的性格特点，不同的童年经历和所处环境让不同的人有了不同的行为等级。这个等级可以从一到十进行划分，“一”代表对某人发展最不利的情况，而“十”表示能促进其发展的最优情况。

你的人格能预测你的人生吗

《品格的力量》（*The Power of Personality*）表明，在很大程度上，人们的人格能从生活的各方面影响其人生轨迹。这本书聚焦于如何透过性格分别预测一个人是否会离婚，一个

① 以综合已有的发现为目的，对单个研究结果进行综合的统计学方法。

人的事业、健康状况和寿命。预测指标基本可以归纳为：成功、爱与健康。[12]

值得注意的是，人们的人格以三种不同的方式影响其未来。让我们先看看性格如何影响爱情。

首先，性格影响人们会经历什么事情，影响人们对事物的反应。

其次，性格会影响人们对伴侣行为的反应。比如，比较神经质的人可能会对伴侣毫无恶意的言论反应过度。他们还会因为伴侣没有及时回复信息而认为伴侣不再爱自己。更有甚者，如果发现伴侣在某次聚会上与他人表现得有些亲密，他们就会断定伴侣对他们不忠。也就是说，某些个性特点会增加离婚的风险。

最后，个性导致的行为会影响人们的伴侣，从而影响这段关系。情绪不稳定的人和个性不友好的人成为伴侣，便更有可能出现破坏二人关系的行为：批评对方、藐视对方或被动攻击对方。[13] 这便是为什么这类人的爱情会以每日无休止的争吵而告终。[14] 个性不友好的人似乎天生就有火上浇油的能力，他们会让本就难以平息的冲突愈发严重。[15] 反之，友善且富有同理心的伴侣更有可能在冲突中控制情绪，[16] 他们的行为会让冲突得到缓解，也会让冲突双方更快地和好如初。同时，大部分尽责友善的人能维持更长久的关系，他们的离婚率也比较低。[17]

神经质是导致人际关系中出现不满情绪最直接的特质之一。不仅如此，神经质还会导致冲突、攻击行为，最终导致关系破裂。[18]这一不稳定的情绪特点也会影响人们的人际关系（不论哪一类人际关系）。并且，情绪不稳定导致的类似问题会遗留在这类人与后续伴侣的关系中，周而复始，影响这类人的一生。[19]

那么人格对事业的影响是怎样的呢？人格也关乎事业是否成功——是否长期处于失业状态，是否能成为领导，会找到哪种类型的工作以及工作会有多努力。自控力不足、十分易怒且攻击性强的人很容易失业[20]，这也是可想而知的。反之，情绪较积极的人能更有效地处理复杂信息，以更具创造力的方式解决问题。[21]

需要记住一点：如果能找到与自己的性格相匹配的工作，人们便更有可能事业有成。[22]此外，这也能帮助人们提升对生活的满意度。

以健康为例，性格外向的人注重人际交往，社交圈更广，经证明这对健康有益，[18]责任心不强的人倾向于把时间投入于风险更高的活动，这会影响他们的寿命。[23]

当然，还有许多会影响人生轨迹的其他因素：动机、兴趣、情绪、价值观、自我认识、自律性，以及控制并影响自我思想、感受和行为的能力。但毋庸置疑，人格在人际关系、事业和健康等方面有十分重要的影响。[24]值得庆幸的是，即便是在成年阶段，人们的性格仍处于发展的状态。[25]而且，可能你已经预料到了，三大主要动机对人们的影响决定了人们的人格。

需要指出：与其他许多不太科学的人格学说相反，大五人格模型并没有将人划分为各个独立分离的性格类型。比如，你可能已经听说过希波克拉底（Hippocrates）提出的四种气质类型学说，这四种气质类型每一种都与一种体液有关，即多血质（血液）类型、胆汁质（黄胆汁）类型、黏液质（黏液）类型、抑郁质（黑胆汁）类型。或许你可能听说过性格色彩学说，即用色彩划分人的性格，比如某人 X 做出某种行为 Y，是因为他的性格色彩是 Z（这是归因法的根本谬误）。

上述人格学说认为，人格特质是命中注定的，并将它们“打包”成预先“组装”好的概念组合。但问题在于，人们的性格不是通过上述简单的“包装”便能轻易体现的。上述学说也没有考虑人们对所处环境的适应程度。比如，这些学说忽略了环境对行为的影响：也许在职场中，上级领导让你一直处于十分焦虑的工作环境，除此以外，你还陷入离婚风波。很显然，以上所有没有被考虑的因素都会对个人行为造成影响。

同理，处于不同的人生阶段和环境，人们的行为可能完全背离自身性格。比如，和旧友相处时你会更放松、更外向，而在工作场合中你会更内敛。和上一任伴侣在一起时，你可能更克制，因为这位伴侣占据了你更多的生活空间，你甚至认为这段关系让你感到窒息、不被尊重；而建立了新的关系以后，你感觉自己得到了更多的关注和聆听，因为新伴侣有着不同的性格。通过这样的对比可以发现，人格受动态互动过程的影响：不同的人、现状、环境与人生阶段，都会影响你表现出来的样子，影响他人对你的性格的解读。

简而言之，基本上可以认为人格是个性特点的组合。它并不是一道单选题，人们也不是只能拥有某类性格，我们可以在拥有多种特质组合的同时，和其他人有所不同。这些特质继而会导致重复的行为。

不同性格的人拥有不同的优劣势。每个人的性格和现状会决定人们在特定情况下的行为。人格影响人际关系，进而影响动机。性格不同，动机不同，所面临的问题的难易程度也就有所不同。人格影响人们对自身动机的利用，也影响动机带给人们的挑战。

动机决定人们的注意力。动机影响人们的想法、情绪和行为。虽然人们会关注符合自身需求的促进因素，但有时候，人们甚至都没有意识到那些无法满足自身需求的因素。

比如，报复心很重的人会更注意是否有人侮辱、挑衅自己，而没什么报复心的人可能都不会意识到他人的侮辱；注重整洁的人会更关注一个房间的整洁程度，反之，不在意这一点的人能够完全无视厨房的“脏乱差”。

最后，虽然大五人格模型包含五种基本人格特质，但我认为这个模型还缺少社会支配性倾向（social dominance orientation）这一人格特征。学者詹姆斯·金（James King）与何塞·菲格雷多（José Figueredo）将支配描述为在不同的社会场景下，一个人在人际关系中拥有的“意愿”。[26] 一个人拥有支配性动机不代表他没有同情心或不愿意合作，支配性倾向实则指优于他人、支配他人的意愿（有时为实现这一动机，人会不惜一切代价）。

在不同的所处情况下，每个人都存在对于各自而言，最优的社会支配性倾向。如果支配欲过高，身边的人便会不愿意与其为伴；如果支配欲过低，又会失去身边的人的尊重，容易被剥削。

动物世界所呈现的支配倾向和阶层往往更为明显。而人类世界的支配倾向通常被某些因素抑制，包括但不限于：立场正确性、教养、社交风度，或者只是简单地意识到“体谅他人比不计代价将意愿强加给他人更有利”。而且，不论是在工作中还是在与朋友或伴侣相处时，支配性倾向和阶层都不是令人舒心的话题。但是支配性倾向对人们有巨大的影响。

灵长类动物学家理查德·兰厄姆（Richard Wrangham）认为，自从在大约两百万年前发现如何控制火之后，人类行为便逐渐从更好斗、支配欲更高的黑猩猩行为过渡到更注重平等、开放与合作的倭黑猩猩（即矮黑猩猩，它和黑猩猩是与人类亲缘关系最近的两种猩猩）行为。人们认为对火的使用影响了这一过渡，因为要维持火源，合作必不可少。如准备食物、抚养后代、狩猎等耗费时间的活动都需要合作。因此，人类需要变得更为温顺，也已经被驯服到了能够适应群居生活的状态。而最暴虐的人类物种便逐渐被淘汰出局。[27]

即便如此，还是存在不择手段想要赢得胜利的人，他们好胜心强，不达目的绝不罢休。记住这一点有助于阅读“动机二”的内容。

阅读至此，我们已经做好了深入探讨三大动机的准备！这些动机能够解释人们在生活中面临的各种局面和挑战，以及出现的各种行为。

动机一

对稳定关系的追求

失落与孤独

回想一下你最近做出的选择，任何选择都可以。你准备买的那件新衬衫、街角酒吧的那瓶啤酒，或者你准备看的那部电影。当然也可以是更加重要的选择，例如你准备给哪个组织投票、和谁约会，或准备选择哪条职业道路。

为什么你会做出以上选择？你如何做出特定的选择？

这些问题乍一看可能很幼稚，就连三岁小孩都会回答：很明显，你就是选了你刚好喜欢的选项！你的选择由你的品位和偏好决定。但是，如果事情真的如此简单就好了……

事实上，他人对我们生活中的大多数行为都有十分巨大的影响力。比如，朋友锻炼，所以我也跟着锻炼；因为受到我母亲的影响所以我看某个电视节目；因为上周六和我吃晚餐的那位女士谈到了自己的保险，所以我买保险；因为孩子班上有两个同学打网球，所以我的孩子也打网球；看到熟人在社交媒体中上传了在马来西亚旅行的照片，所以我们也计划去马来西亚旅行。社交影响着我们。

其实，人们几乎很难找到不受身边人影响而做出的决定。但是，他人也不是人们决策过程中唯一的影响因素。例如，虽然在我们买车时，亲朋好友的意见很重要，但我们最关注的还是这辆车的安全性能是否可靠、价格是否合理、是否足够节能高效。此外，是否买下这台车，与我们认为这台车是否符合“高大上”人群的气质也有关。[28]

但是，在过于关注自身时，人们常常会忽视这个影响。也许你已经听说过，多数人对公共演讲的恐惧甚于对死亡的恐惧，这是为什么呢？

人们之所以将公共演讲视作危险活动，是因为很多人可能并不愿意成为我们的听众。公共演讲似乎意味着每位听众都有可能不把我们放在眼里，认为听演讲是在浪费时间。这种现象被称为演讲恐惧症（glossophobia），这是一个反应很强烈的恐惧症。与生俱来的敏感让人们急切地想要获得身边人的认可，这也从另一个角度反映了为什么人们会将“无害”的情况视作命悬一线的危机。

有些人比其他人更容易焦虑。从历史的角度来说，只要对自身安全有一丝丝怀疑就会产生应激反应有益于个人。只可惜，在当今社会，这种反应总是在完全不必要的情况下，过于频繁地出现。比如，在你对某个人很感兴趣，可他回复消息时只说了三个字而不是一句有更多意义的话时。或者在你本以为你的邻居没有邀请你去他的生日聚会，可之后才发现邀请邮件被误投进了你的垃圾邮箱时。这些情况下，我们总是忍不住马上胡思乱想："他们不喜欢我。我毫无趣味，也没什么价值可言，我被排挤了。"

对祖先而言，被孤立无异于死亡。这也是为什么人们如此惧怕被落下。

我时不时感到失落

学者罗伊·鲍迈斯特（Roy Baumeister）和马克·利里（Mark Leary）在论文中提出"归属需求"（*The Need to Belong*）他们写道："对归属感的渴望是一种有力、基本又极其普遍的动机。"有了群体归属感，人们的生活会变得更顺畅，因为人们更有可能和他人分享食物，也更有可能找到合适的伴侣，分担抚养下一代的责任。[29]

如果能理解人际关系的重要性，那么人们也能意识到为什么自己对孤独如此敏感。事实上，单看我对孤独的反应，就足以认识到孤独对我自己的影响多么巨大。比如，我时不时会感到有些失落。而有趣的是，这种失落感的出现会遵循一定规律。比如，如果我一直独自在家连续办公了好几天，我通常就会开始感到阴郁、孤单，而且深受这种孤独感的影响。我甚至会认为，如果不出去透一口气，不去健身房出一点汗或者在外面见一些其他人，我不可能会有太高的工作效率。

有他人陪伴时，人们总是感觉更自在。人际关系孕育的纽带联结人与人，也最能赋予人们有意义、幸福和健康的体验。与此同时，孤独从本质上来说是一个值得探讨的现象。即使从概念上来看我们并不孤单，但偶尔人们还是会感觉自己孤身一人。

为什么孤独感很危险

很长一段时间以来，人们一直以为孤独感对人的影响体现在心理状态方面，而现在人们才意识到，孤独感甚至对生理健康也有害，孤独感还能诱发死亡！在这里需要区分非自愿孤独（involuntary isolation）和自愿孤独（voluntary isolation）。正是非自愿孤独增加了患心脑血管疾病的概率，甚至导致过早死亡。

那么，为何孤独感的杀伤力如此之大呢？这是因为，感到孤独时，人们的身体分泌了应激激素，这类激素对人们造成了伤害。非自愿孤独会激活大脑的痛感反应，因此，处在这种非自愿孤独状态下孤身一人时，人们感受到的痛苦比有他人陪伴时大得多。

从进化的角度而言，人类祖先比其他许多动物都弱小，行动也较为缓慢，对人类祖先而言，形单影只会造成负面影响。正是因为学会了团结合作，人类才发现了生存之道。也正是团结使人类发展至今。人类大脑会很自然地将利于生存的事物识别为积极正面的信息，遇到利于生存的事物时，大脑也会分泌让我们感到幸福、踏实的神经化学物质。这便是为什么，生命从开始到终结，人们都有与他人交流的动机。

想象一下，你刚向一个有好感的人发了消息，就看到显示屏上的“对方正在输入……”的显示。有趣的是，针对这种显示的研究表明，看到对方正在给自己回复消息，就足以让我们焦虑[30]，也足以导致我们忽略周围正在发生的其他事情。

虽然这种行为和枯坐着看新刷的油漆变干一样可笑又无聊，但这确实是真实的反应。

人们通常会对他人抱有兴趣，会很想了解他人想对自己说什么。人们的人际关系也离不开幸福、痛苦和担忧等各种各样强烈的情绪和感受。再次强调，人们拥有如此强烈的情绪并非偶然或巧合，这些感受有助于人们生存下去。社交带来的苦痛和生理疼痛一样意义重大。人们应该关注自己的人际关系。人们应该保证孩子的安全，维系与他们的感情。人们应该对他人有所依恋，应该想要结交朋友，应该关心家人。

很久以前，人类的社交圈子更小。如果离开居住多年的村庄，人类的身体就会分泌应激激素，人们会开始感到焦虑、担忧、有压力。如今，人们生活的时代日新月异，但是需要再三强调的是，人们的基因组合却依然源于人类历史上之前那个与现在截然不同的时期。和大多数人一样，他人的陪伴甚至能给予我们一种刺激的感觉。大部分人都是社交生物。通常，人们的身份反映了自身的社会价值观，一段人际关系能带给人们极大的幸福感，但一段关系同样也能夺走生活的意义，比如在这段关系结束或亲近之人离世时。

群体行为（flock behavior）基本上可以被称为人类行为

永恒的常态，人们想要标新立异的孤傲感似乎显得与它格外矛盾。这两股矛盾势力也常常让人们的内心十分纠结。例如，在同一职场环境中，人们从着装到行为通常都大同小异，即着装风格相似。人们的办公室行为、该有的想法和信念等也都有一套不成文的规定。即便需要合群，需要与他人有共同点，人们还是不希望精心打扮之后，却在聚会上发现有人和自己穿了同款夹克。而与此同时，人们也不希望自己到了某个场合后才意识到："天啊，我和这里完全格格不入，我怎么能弄错着装礼仪，还错得这么离谱？"

在进化过程中，人类大脑也不断发展，这样做的目的在于尽可能地结识更多的人并融入更多的群体，这可能也是人类是十分强大的物种的原因。但是，大脑对环境的不断适应同样也导致人们对自身充满疑问。在自我探索和自我认识方面，人们有很大的"盲点"。

接下来，让我们走近人际关系这一动机，观察人类如何及为何受人际关系影响。我们将探讨与人际关系有关的行为背后的原因、与他人相处及独处时神经化学机制的变化、人际关系这一动机如何影响人们独处时的决定，以及以上种种对人们有何积极与消极影响。

社会影响——从众心理

我们在观察他人行为时并不难发现，人们的选择会受其他人的影响，但在轮到人们自己时，通常却难以察觉这一事实。本章主要阐述他人如何通过简单但通常较为隐晦的方式影响人们的行为。

是什么决定了人们的喜好

人们的兴趣、午餐选择、健身频率……人们的一切似乎都受他人行为影响，但这背后的原因是什么呢？

心理学界给出了一个答案：社会期望偏差（social desirability bias）[①]。承认自己受他人影响并不容易，因为被

① 人们为了给人留下正面的印象，倾向于在调查中违背真实意愿作答，以符合社会期望。例如过多传达自己的“良好行为”，而不传达自己的“不良行为”。——译者注

影响本身就不被人们所期望。在潜移默化中，我们所处的社会在大部分时候传达的思想是，要做独立自主的人，不应被他人影响。没有谁愿意做一只盲目从众的旅鼠，或者一片模糊视野中毫不起眼的小斑点。从这个角度来看，他人对人们的影响似乎是消极的，因此人们自然不愿意接受这种负面影响。

但这样的想法过于简单了，即便他人的影响被视为是有益的，人们仍不愿意看到自己如何受其影响。在《看不见的影响》（*Invisible Influence*）一书中，乔纳·伯杰（Jonah Berger）教授阐述了一项研究，并详细说明了人们如何被影响并几乎对此毫无意识。[31]

该研究由匹兹堡大学 R. L. 莫兰（R. L. Moreland）教授完成。[32]研究的参与者包括男性和女性，他们需要看四位女性的照片（四位女性分别用 A、B、C 和 D 表示）。之后，参与者需要回答关于这四位女性的一系列问题：他们认为这些女性的魅力如何？愿意花时间和她们相处吗？愿意和她们做朋友吗？照片中的女性都不算十分引人注意，仅从外貌来看，她们就是典型的普通女大学生，看起来年纪相仿，穿着打扮较为随意，和普通的同学、学习伙伴并无区别。

事实上，四位女性中有三位曾以学生的身份出现在莫兰教授的课堂中。在上课前，照片中的女性出现了几分钟，她们慢悠悠地走向前排十分显眼的位置，好让教室中的大部分同学都能看见自己。课上，这几位女性静静地记笔记。下课后，她们收拾好东西，和其他同学一起离开教室。这些女性看起来和教室中的其他同学并没有太大区别，唯一的区别是，她们其实并没有被学校录取，算是受莫兰教授委托出演的“群众演员”。

实验中很重要的一个细节是，每位女性的出勤率不同。莫兰教授共有 40 节课，女性 A 的出勤率为零，女性 B 上了 5 次课，女性 C 上了 10 次课，而女性 D 上了 15 次课。在公布结果之前，我还需要强调一点——每个人各有所好。因此，在选择交往对象时，每个人的偏好有所不同再正常不过了。比如，有些人希望与浅色系发色的人交往，而有些人希望与有深色头发的人交往；有些人更喜欢运动风、聪明、幽默风趣、善于表达爱意的人，有些人则更喜欢低调、活力满满的人。因此，每个同学对四位女性的感兴趣程度都不一样，有的人认为女性 A 更讨人喜欢，有的人则更青睐女性 B，等等。

虽然各有所好，但实验结果还是呈现出一定的规律：参与者认为出勤率更高的女性更有吸引力。出勤为 15 次的女性被认为比出勤为 10 次的女性更有魅力；同理，上了 10 次课的女性也被认为比上了 5 次课的女性更有吸引力。这个实验结果十分贴合“日久生情”一词。需要注意的是，出勤率最高的女性并非真的比其他女性都更有吸引力，客观来看，所有女性拥有的吸引力相同。而且，所有参与者均与这四位女性没有过多的了解和交集，尽管有三位女性的确出现在莫兰教授的课堂上，但所有参与者和她们均无任何语言和非语言交流。

总而言之，实验表明参与者会只因看到某些女性的频率高于其他女性，而更喜欢这些女性。他们认为这些女性更有趣，更愿意了解她们，但这仅仅是由于他们在教室里看到过她们几次。

于是，我要（悄悄地）告诉你，如果你想引起某个人对你的兴趣，请制造机会让这个人看到你，你可以安排偶遇、聊天，或让对方看见你的照片。即便是一次很正常的见面，这种“日久生情”的效应也可能会显现。但要注意分寸，一旦你和某人见面的次数变多，或者你用照片和信息向某人狂轰滥炸，喋喋不休，也可能会适得其反。

社会影响——无形的力量

数百项实验都证明，多接触能催生认同感。这一现象被称为曝光效应（mere-exposure effect），它不仅适用于教室里的学生群体，还适用于文字、果汁、建筑物、广告，以及被编造的词等方面。看见某人某物的频率越高，人们对其产生的好感就会越大。但有趣的是，人们竟然没有察觉这一现象。在莫兰教授的实验中，当学生参与者被问到是否见过照片中的女性时，几乎所有人都说没见过。再问参与者是否相信曝光效应能影响他们的想法时（考虑到他们至少可能见过女性 D），他们有些疑惑地问道："只不过是见过某个人几次，为什么会让我认为她更有魅力？"但事实上，曝光效应确实左右了他们的想法。

人们低估了他人对自身的影响力，因为无法意识到社会环境对自身的影响，所以社会环境对行为的影响明明存在，人们却视而不见。虽然人们自认为他人不会对自身造成影响，但其实社会环境时时刻刻、无处不在地影响人们。正如在一场持续不断的"雹暴"中，原子会十分激烈地碰撞彼此一样，人与人每天都在持续不断地交流碰撞，这种社会影响塑造了人们的本质和行为。

当人们对一件事或一个人知之甚少，或完全不知道要如何应对时，会很自然地寻求他人的意见，借鉴对方的经验，窥探他人如何解决。这一做法很符合逻辑，以他人为参考，并以此做出更好的决定，这种做法既省时又省力。

但问题在于，研究表明，在明显知道怎样做更正确时，人们仍然会跟随多数人的脚步。即便群众的声音完全是错误的，迫于群体压力，人们还是会随波逐流。这一现象在生活中有迹可循，比如是否喝酒，是否在职场中刁难别人，或者看到其他人都因为一个滥俗的笑话捧腹大笑时，自己是否也跟着笑。[33]

换言之，即便人们对答案心知肚明，即便人们知道正确的做法是什么，人们仍然会盲目地从众。

物以类聚，人以群分吗

正所谓“物以类聚，人以群分”，趣味相投、有共同点的人会走到一起。而且，通常他人与自己的相似度越高，人们对这个人的好感越大。再者，这可能是因为人们十分熟悉自己，于是倾向于找到他人同自己的相似点，欣赏这一份熟悉感。

如果在一段感情的初期，伴侣之间只拥有一定的相似度，那么随着时间的推移，两人的相似度会越来越高。[34] 造成这一现象的原因之一是，如果几十年如一日地和同一个人相处，那么彼此就都会拥有大量时间重复地模仿对方的行为和面部表情，他人长年累月重复的面部表情也会在人们的脸上留下痕迹。幼小如两岁的婴儿，在听到另一个小孩号哭时，也会被感染并开始哭泣，孩子也会模仿照顾他们的人的面部表情。[35]

这种模仿是无意识的，因镜像神经元（mirror neurons）[①] 而出现。试想一下，我准备和别人协商某件事，而且这件事拥有大量的协商空间。如果对方也有很多可以协商的空间，那么我们很有可能达成一致的意见。反之，如果双方均不太肯让步，可以达成的共识越少，那么协商的难度也就越高。因为这意味着，协商双方都需要付出比预想更多的努力，才能协调双方的不同之处。

但是，不论情况看起来多么无望，协商中还是有可能达成一致的，而达成一致的窍门便是模仿对方的言行。[36] 这一方

① 动物在观察其他个体执行某一行为时，其自身用于执行这一行为的神经元也会受到刺激，因此这一类神经元是模仿他人行为的“镜像神经元”。

法的有效性已在研究中得到证实，在相关研究中，参与者两两组合，相互协商。一组参与者按照指示小心翼翼地模仿对方的言行举止：如果卖家（对方）挠了挠鼻子，那么买家也照做；如果卖家坐在椅子上向前倾或向后仰，买家也会模仿对方。当然，这一系列模仿行为都做得不留痕迹，因为这样对方才不会察觉。结果显示，模仿对方言行的参与者的协商成功率是对照组的五倍！

除了增加在协商中达成一致的概率，模仿对方的言行在大部分情况下还能创造价值，得到更好的结果。在面试中，模仿面试官的言行会让面试者感到更自在，面试的成功率也更高。在营销场景中，模仿买家的言行让卖家更具说服力。你是否知道，人们会多给模仿其言行的服务员 70% 的小费？[37] 而且，仅需在邮件中模仿对方的问候方式（例如，您好、嗨、祝好、哟、怎么啦等）便能提高邮件被回复的概率。

模仿编织出人与人之间的纽带，是社交黏合剂。在模仿彼此言行的过程中，参与协商的双方会认为彼此的联系更紧密了，彼此相互依存，再也没有“你我”之分，只有“我们”。如果他人的行为与自己相似，人们会认为彼此之间其实可能拥有比实际更多的共同之处，或者在一定程度上感觉彼此处于同一阵营。模仿对方的言行能让对方更好地接纳自己，这一点已在针对约会的研究中得到证实：在极速约会中，如果模仿约会对象的语言风格，即对方的说话方式，那么对方愿意再次和其见面的概率会增加三倍。[38] 如果已经在一起的情侣有相似的语言风格，那么三个月后仍然维持恋爱关系的概率会增加 50%。

实际上，人们只有在想回避对方时，才会避免这种相互模仿的自然倾向。比如，在恋爱关系中感到满足的人遇到与伴侣同性的、有魅力的人时，模仿对方言行的可能性更小。

我在授课时常常提到，人类如何通过不断进化发展出社会灵活性（social flexibility），这是社会能力（social competence）的主要体现。你和你的母亲及女儿说话方式不同，并不代表你是个两面三刀的人，同理，你在台上讲话的方式也可能和你与伴侣谈话的方式有所出入。这时，你跳出了死板与僵化，在人际关系中更加游刃有余，因为你的人格不是条条框框能束缚的。

能否预测作品的成功率

20 世纪 50 年代，心理学家所罗门·阿希（Solomon

Asch）在一系列实验中要求参与者回答多个问题（所问的问题难度并不是很大）。[39] 当参与者能够完全独立、不受他人影响地回答问题时，参与者的正确率几乎达到了 100%。

然而，如果其他陌生人给出了许多错误的答案，而参与者也获悉了这些回答，情况便会有所变化。此时，三分之一的参与者会回答错误。请注意，在该系列实验中，即使参与者完全没有取悦陌生人的必要，也会不可避免地被陌生人影响。

这种现象在心理学中被称为从众行为（conformity）。在后续采访中，许多参与者表现出对自我的怀疑："我一开始的推断肯定是错误的。"另外，该实验参与者的脑部图像显示，参与者实际上会以他人感知事物的方式感知自己的处境。这表明，人们选择相信他人对事实的认知。社会的意识形态、规范和价值观对人们有根深蒂固的影响。人们在这样的环境中长大，一切都如此理所应当，以至于人们几乎不会质疑这一环境背后的问题。[40]

前文涉及"女大学生"的研究显示，参与者见到"女大学生"的频率越高，对她们的好感越大。如果把这一逻辑运用在其他方面，比如艺术领域，情况又会如何呢？最受欢迎的艺术家、演员和最畅销的书就一定是最优秀、最成功的吗？按照这一逻辑，人们能预知成功吗？比如哪首歌曲会成为国际流行单曲，哪本侦探小说会吸引更多的读者？

令人感到无奈的是，在艺术界，天赋和资质并不是成功的不二法门。人类模仿他人的欲望甚至会影响歌曲、电影和服饰的受欢迎程度。为解答这一问题，社会研究员马修·萨尔加尼克（Matthew Salganik）针对音乐展开了研究。[41] 他的团队设计了供参与者收听、下载音乐的网页，网页中提供的歌曲不是名曲，也不是名家所作。歌曲以歌单的形式呈现，一首接着一首。参与者听完歌后，如果喜欢，便可选择下载。研究中，歌曲的顺序实时变化，以此避免歌曲的排序影响参与者的听歌选择。

共有14 000名参与者参与实验，参与者的数量十分可观。实验中，参与者可以了解有关歌曲名称、作曲者、歌手名称及此前参与者喜爱的歌曲等信息，也能了解每一首歌的历史下载量。实验准备就绪后，网页便按照听众喜爱程度对歌曲进行排序：最受欢迎的歌曲排第一，等等。换言之，歌曲每被下载一次，歌曲排序清单就会更新一次。该实验的有趣之处在于，它探究了他人选择对自身选择会有多大的影响。

实验中，参与者倾向于跟随其他人的喜好，即之前的参与者下载什么歌曲，他们便下载什么歌曲。参与者越是以下载或不下载歌曲的方式表达自己的喜好，最受欢迎的歌曲和最无人问津的歌曲之间的差距便越来越大。歌曲本身没有任何变化，而社会影响力使最热门的歌曲越来越受人欢迎，最冷门的歌曲越来越无人知晓。

通过不同歌曲不同的受欢迎程度，该实验的研究人员证明了社会影响力的作用。

从雪球到雪崩

除了上述问题，萨尔加尼克团队还有一个需要探讨的问题。他们设置了八个新的初始场景（场景各自分离，但都有相似之处），这八个场景就好像八种现实，参与者会被随机安排到任意一种现实场景中。虽然每位参与者在几乎一模一样的场景中开始进行实验，但他们各自的现实场景发展却又完全不受彼此影响。

如果歌曲是否能大获成功只与其音乐质量有关，那么最终这八种现实场景所呈现的结果应该是几乎一致的，即最优质的歌曲仍然保持自身热度，而最次的作品只会逐渐被遗忘。

而且，如果一首歌在一个场景中受欢迎程度高，那么这首歌在其他场景中也应该有较好的表现，但事实并非如此。结果显示，一首歌在不同场景中的受欢迎程度差异巨大。比如，在某一场景中夺得最受喜爱音乐桂冠的歌曲，在另一场景中则被排在最后一位。

问题是，为什么作品能否风靡如此难以预测？为什么音乐没有通用的成功窍门？还是社会影响力在发挥作用。人们倾向于模仿那些已经表达观点的人。于是，最初细微随机的差别被放大，就像小雪球越滚越大，最后形成雪崩一样，歌曲的受欢迎程度也会渐渐出现巨大的差别。

对音乐能否大获成功起决定性作用的因素，是第一个发表意见的参与者。当然，进入现实场景的第一批参与者的音乐偏好在一定程度上有所不同。比如，有的人喜欢乡村音乐，有的人偏好民谣，有的人是朋克爱好者，而有的人对嘻哈音乐情有独钟。在每一个实验场景中，参与者进入的次序均有所不同。有些场景中乡村音乐爱好者先进行实验，有些场景中重金属摇滚乐爱好者先进行试验。下一位参与者在开始听歌前便能看到此前的参与者喜欢什么歌，最终这位参与者的品味被此前参与者的喜好影响。每一个场景中的实验都有不同的走向。

当然，其他人的想法并不能完全控制人们的思想，但足以造成一定的影响，让选择的天平倾斜。歌曲、书籍、电影能否成为下一个举世名作虽然取决于是否拥有过硬的实力，但也需要有不错的运气。

这一实验结果是否表明，世界著名的音乐人，诸如披头士乐队、猫王等的巨大成功只不过是巧合？是不是随便哪一个作品都能大卖，谁都能成为明星？其实也不完全是这样。萨尔加尼克团队的音乐实验证明，作品和艺术家本身的实力也是成功的促进因素。实验中，质量较好的歌曲被下载次数更多，质量欠佳的歌曲无人问津；最优质的歌曲不会出现在榜单末尾，最次的歌曲也不会“飞上枝头变凤凰”。但是，参与者对歌曲的排序有巨大的不同，这表明质量与实力绝不是影响成功的唯一因素。

明白他人如何影响自身的喜好，足以令人们反思自己在使用各种在线音乐流服务平台和线上书店时的行为。如果仅靠自己，人们既没有足够的时间也不具备专业知识来研究每一个选项，但人们可以通过别人找到捷径。比如，歌曲排行榜榜首，他人的推荐，其他人读过、听过什么，给什么点了“喜欢”，等等。人们可以以这些方式节省时间和精力。

社会从众心理（social conformity）即从他人的视角了解这个世界，表明人们能与志同道合的人同属一个群体。与别人拥有相同的世界观会给予人们归属感。因为有归属感，所以人们得以生存——人们会想，我终于能够松一口气了。

因为从进化的角度来看，社会从众心理的确是为了生存而服务的。在历史上，与部落同行的人们得以生存，而独自生活的人的生存概率总是比较低。

与他人相似的感觉会给予人们很大的满足感。而社会性死亡（social death penalty）则相反，它是指与他人之间的社交纽带被切断，即被孤立。人们最伤心的回忆往往与身边忽然没了亲友有关，比如失去挚爱，或者幼年时在百货商场找不到父亲或母亲。

做第一人——拥有最大的影响力

除了对个人的影响，社会从众心理甚至能影响群体的决定。曾有人讽刺道：“这匹马其实就是委员会从骆驼身上东拼西凑而来的。”[1] 只需观察焦点小组[2]如何交流意见，委员会如何决定聘用人选，便能发现：第一个发声的人对最终决定有着至关重要的影响，这一点也体现在歌曲受欢迎程度影响因素的音乐实验中。集体智慧优先的前提是有效地听取每一个人的意见，集思广益地改善决策。如果每个人都人云亦云或闭门造车，不与他人分享自身的知识和经验，那么集体的价值就会被人潮淹没。

但是，要怎样做才能确保不同的声音被听见，才能消除他人的过度影响呢？其实，只要有一个人敢为人先，率先发出不同的声音，就足以带动其他人发表自己不同的意见。不是一定要有很多人与你一样，拥有不同的见解，你才会感到自在，才能有足够的勇气发声。逆流而上时，只需要明白自己绝非孤军奋战，你就能勇敢地发表自己不同于他人的意见。

要做到真正的集思广益，还可以采用其他方法：①保护个人意见的隐私，比如在会议开始前发放匿名调查问卷；

① 即批评相关组织无法通过有效协调多人意见得到最优的效果。——译者注

② 通常在使用焦点小组访谈法时出现，焦点小组采用小型座谈会的形式，即挑选一组具有同质性的消费者或客户，由主持人以一种无结构、自然的形式与一个小组的具有代表性的消费者或客户交谈，从而获得对相关问题的深入了解。

②减少参与人员的数量，让成员们的发言更有分量；③先发表自己的看法，这样即便没有达成统一意见，也能为还没有头绪的人提供一个思考的方向；④会议开始前和每一位与会人员谈话并分享自己的观点，这样一来，你就能和立场一致的人达成联盟，使之后对立阵营或不站队的人更容易逐渐向你靠拢。

总而言之，因为人们没有意识到自己的行为正在被影响，所以低估了他人对自身的影响力。而且因为人们也没有发现他人对自身行为造成影响的迹象，所以最终无法认识到社会影响力。然而，他人的影响无时无刻不在发生，它无处不在。弗洛伊德曾说，人类是多变的生物。在现代社会，人们周遭的事物正以十分惊人的速度不断变化，这意味着人们也会受环境影响不断变化。很多时候，人们只能依赖身边的人来判断自己是应该采取行动，主动出击，还是应该按兵不动。

如何做到“适度的”不同

如此一来，努力合群似乎是最安全的做法，毕竟越受欢迎，就会变得越好，不是吗?

当然，有时候人们想和其他人一样，但有时候人们却想与众不同。因此，即使融入集体对人类十分重要，人们也不会一直处于这一状态。也许，正因为人们想要获得一种独特感，所以才会出现这种矛盾，这种独特感会体现在人们选择喝哪一款啤酒时，或者穿哪双新鞋参加聚会时。

这类选择也会被其他人影响，只不过人们在一定程度上选择偏离这种影响。这一现象被称为虚荣效应（snob effect），是指个人对产品和服务的需求与市场的总需求成反比。换言之，它是指一件产品或一项服务的购买率或使用率越高，人们购买或使用这一产品或服务的欲望就越低。

主流还是地下

大部分人并不想完全特立独行，但是当太多人开始和自己一样，与自己做同一件事时，人们也不会感到高兴。此时，人们宁愿做一些和大多数人不一样的事情。当某件事变得太过流行，比如所有人都开始练瑜伽，都开始吃某一道菜时，人们会产生逆反心理。

如果太多人热衷于某件事，那么即便人们很享受做这件事的过程，也会宁愿放弃。人们这样做的目的不过是因为不想在茫茫人海中成为毫不起眼的那一个，或者毫无自我想法的牵线木偶。

如果你喜欢的乐队从地下转为主流，那么你作为个体，顷刻间似乎就变得不那么独特了，因为这时每一个人好像都和你拥有同样的喜好。而此时，你就不再是百里挑一的那一类人，不再是最酷的那一类人。（保持领先的欲望与“动机二”有关。）

保持与众不同有其优点。比如，不同寻常的穿衣风格能让别人注意到你，比同事更干练的职场着装能让你看起来更有能力，长得比同学高也增加了你被选入篮球队的概率。与他人的选择不同，不一定是因为兴趣不同，有时人们之所以避免做某些事情，仅仅是因为有太多人参与。比如，所有人都去那家酒吧，但你不会去，在那里看不到你。再比如，因为其他人认为你的哥哥或姐姐是比较聪明的孩子，所以你努力变得更幽默，以此展示自己与他们的不同之处。类似的例子还有，你可能会想："我不想为了这点小事大动肝火，因为说真的，我不想变得和他们一样。"

与他人形成区别让人们学会自我定位，使自己与众不同。如果每个人都十分相似，人们就会很难找到对自我身份的认同感。对与众不同的需求也让人们能更好地专注于有关突出自我的事情，让自己找到独特感，即便事实上，人们与其他人在其他很多方面并无太大区别。比如，正当你感叹自己的电脑很不错时，发现有两位同事也买了同款电脑，此时，你就会把注意力转移到自己新买的智能手表上。

有时候，人们沉溺于一种认为自己很特别的错觉，而广告商正是利用了人们想要与众不同的需求。比如，许多服饰品牌和速食连锁品牌的广告都在向顾客传达这一错觉，用"你应该走自己的路""独享座驾，引领大众"等广告传达"让你与众不同"的卖点。

但问题是，是否存在有的人更愿意跟随大众的选择，而有的人倾向于与众不同这一现象。研究表明，的确存在这一现象，该现象的影响因素之一是社会经济阶层。[42]例如，在瑞典，相比中产阶层的消费者，工薪阶层的消费者更乐意与他人拥有共同点。在面对使用者较多的产品时，中产阶层的消费者倾向于选择替代产品，工薪阶层的消费者则不一定会反感跟随大众的选择。他们更有可能购买大热的产品，而且如果这种产品的拥趸很多，工薪阶层的消费者还会更坚定自己的选择，更喜欢这款产品。

当然，个人经济水平也是这一现象的影响因素，但是仅仅站在消费水平的视角，不足以窥见全貌，社会阶层也不是唯一的影响因素。有的人只是单纯地喜欢与众不同，有的人则比较喜欢受欢迎的产品，而有的人对流行避而不及；有的人想要独特，想要追求个性，而有的人并不排斥融入集体。

有些文化更崇尚个性。在推崇个性的文化里，人们或多或少会有这样的想法：谁能鹤立鸡群，获得最多的关注，谁就能从中获益。在这些文化中，独特标志着自由和独立。与之相反，有些文化更强调和谐共处，互联互通才是这些文化的核心价值。在这些文化中，如果一个人过于与众不同，有可能会被解读为站在大多数人的对立面。于是，成为集体的一员而不是万众瞩目的明星，被视为更好的选择。

成长环境塑造了人们，影响了人们的行为方式以及人们对自身行为和他人行为的解读。比如，一群人在餐厅点餐时，如果其他人和我们点了一模一样的菜，那么我们可能会选择不一样的饮品，以此和对方区分。或者我们尽量做第一个点餐的人，这样便不用担心和别人点相同的菜。我们是第一人，我们是在会议上第一个发言的人，我们的观点最先被听到，我们也是朋友之中第一个拥有某件夹克的人。

模仿他人还是与众不同，有第三条路可走吗

本章的重点是，让人们意识到与他人一样的需求及与众不同的需求如何影响自己，最终明白这两种需求与人际关系的关联。

社会影响将人们推向两个相反的方向：一方面，人们模仿他人；另一方面，人们想与众不同。如果能认识到自身的这两种倾向，人们便能做出更明智的决定。想要与众不同不同于青少年刚接触某个小众领域时的一时兴起，其蕴含的意义远不止于此。每个人都有这种倾向，只不过动机大小因人

而异。毕竟，如果每个人对特立独行的需求程度都一样，那么就没有所谓的与众不同了。

但是，社会对人们的影响不只有模仿他人和与众不同，还有第三种情况，那就是既模仿他人，又与众不同。人们可以同时兼顾这两点。针对这一现象，研究人员选择了一个基本并且适用范围广泛的主题，开展相关研究——人们的姓名。

比如，每当飓风席卷美国之后，会有更多孩子的名字以飓风名称的首字母开头（除了飓风本身的名称）。[43] 飓风卡特里娜（Katrina）过后，叫卡特里娜的孩子变少了，但有更多孩子的名字以字母 K 开头。同样地，如果某个名字开始流行，那么与这个名字相似的其他名字也会变得流行。比如，如果有一段时间流行将孩子取名为莱克西（Lexi）和兰斯（Lance），那么叫莉萨（Lisa）和莱尔（Lyle）的孩子也会越来越多。

前文提及的曝光效应也是这一现象的影响因素之一，即我们看见某个人或某件事物的频率越高，人们对其产生的好感就越大，也会更喜欢那些能让人们想起这个人或这件事的东西。

从进化的角度来看，偏好熟悉的人或事物对人类有益。比如，这能帮助孩子对父母产生依恋，让动物找到安全无毒的食物，还能让伴侣顺利克服情绪起伏和意见分歧，稳固感情。这刚好与新事物相反，但不幸的是，人们要对新事物做出判断，思考该事物安不安全？合不合法？带来的影响是积极的还是消极的？对新事物的判断可以用于人，也可以用于事物，它体现在方方面面。

试想一下，仅仅是吃一碗早餐麦片，其实也是一个生死攸关的决定。在这个过程中，人们一开始需要一点一点地啃一片小小的玉米片，确定没什么问题后才会继续吃。人们认为自己已经接触过的、十分了解的事物是积极的信号，这些事物好像认知中的“温暖的余烬”。这些“余烬”甚至能将温暖传递到人们一知半解的事物中。如果是一张能让人们想起之前见过的人（可能两者的发型和脸型一样）的完全陌生的脸，那么这样的陌生人会让人们更有熟悉感[44]，也更有安全感。

但在享受熟悉感的同时，人们也会被新鲜事物所吸引。[45]人们需要刺激，因为这能帮助人们获得新的信息（详见“动机三”）。偶尔参与新鲜的活动，比如，上一堂有教育意义的课，参观一个博物馆，或者去一个新的地方旅行，都能给予人们一定的满足感。和伴侣一起尝试新鲜事物更能让人们感受到这段感情带来的内心的平和。[46] 而且，职场中出现的变化能提升生产力。

但是，熟悉感和新鲜感其实呈正态分布，即太新鲜的事物让人太过陌生，而太熟悉的事物又会让人觉得无聊。最适宜的区域正好在正态分布的中间，即熟悉感和新鲜感的平衡刚刚好。前文提到的取名趋势也呈现这一规律：人们倾向于给孩子取一些结合了熟悉感和新鲜感的名字。熟悉感能带来安全感，而新鲜感能让人们快乐，人们努力让这两者并存。比如，可以在年代久远的食谱中加入一点新鲜的花样；可以翻新一件老家具；可以让几十年前流行的衣物“东山再起”，突然再次掀起一阵潮流。

总而言之，和他人做同样的事情让人们获得一种认同感——认为自己做的事情是正确的。但同时，人们也不希望自己完全和自己的兄弟姐妹一模一样，人们在不同程度上有不同于他人的需求，人们想成为独一无二、脱颖而出的那个人。而有两种相反的势力在影响人们：与他人别无二致和做特立独行的自己。面对两股势力的拉扯，人们的应对办法是探索适度的相似度。人们可以和朋友买同一个品牌的产品，但是产品的风格不同；可以和同事穿同一个款式的衬衫，但是衬衫的颜色不同。

社会影响不仅引导人们和其他人做一样的事情，有时也会像一块磁铁。如果我们也是一块磁铁，那么他人的想法既能吸引我们，也能让我们远离。有时候，我们随波逐流，模仿他人；有时候，我们走自己的路，逆流而上。但归根结底，我们离不开社会。

“比较对象”对你的影响

他人还能影响人们的表现：他人在场时，人们能表现得更好。[47]

在模拟骑行实验中，职业自行车手在人为设定的“小组”中每千米的骑行速度比独自骑行时要快 20 ~ 30 秒，在比赛或非比赛场景中结果相同。[48]

其他许多实验也发现了这一现象。实验证明，不论人们实际是否与这些人展开竞争或合作，他人的在场都会影响人们自身的表现。总体来说，他人的在场会提升人们的表现，这一现象被称为社会助长作用（social facilitation）。

这一趋势在动物世界也有迹可循。比如，有同伴在场时，大鼠喝东西和探索环境的速度会加快。[49]同样，有同类在场时，猿猴能更迅速地完成简单的任务。在其他蚂蚁身边工作时，蚂蚁的挖沙量会增加两倍。社会助长作用甚至还能影响动物的食量。

因比较而胜利

他人造成的影响还能左右比赛结果。[50] 比赛前期落后的队伍和前期领先的队伍相比，有更大的机会（大约 8%）胜出。因为观察发现，“将要输了”这一趋势不仅会增加队伍的获胜率，还会让队伍在总体上赢得更多比赛。事实上，如果一个队伍在比赛中几乎“垫底”，那么它的获胜率反而更高，即使这类队伍需要比对手拿下更多分才能赢得胜利。

因此，如果你要选择支持某一方，可能最为审慎的选择是把希望放在比赛中期稍稍落后的队伍上。

但是，为什么“落后”反而能提高胜率呢？这就不得不提到，当人们意识到自己被甩在别人身后时的心理活动。这时，想要赢的动机更加强烈，它促使人们加倍努力。实验表明，如果告诉参与者他们已经落后一截，那么这群参与者会付出比没有收到任何反馈的参与者多三倍的努力。有了竞争对手，参考标准就会发生变化，人们会以竞争对手为基准判断自己的表现，从而获得成功。

不论是参与马拉松还是处理客户电话，人们总是会为自己定下目标。比如，试着在 5 小时以内跑完马拉松全程，一天打完 130 个电话，或者每周争取 10 名新客户。与目标的距离决定了人们的努力程度。越落后，越鼓励人们前进，落后带来的动机比领先更强烈。而且随着与预设目标的距离越来越近，人们为之奋斗的动机也会越来越强烈，因为即将接近目标的状态能给人巨大的成就感。

制胜的关键不仅包括落后于他人，落后多少也很重要，稍稍落后比落后一大截更鼓舞人心。如果落后太多，胜利遥不可及，现实与目标相差甚远，获胜似乎是痴心妄想，那么不顾一切为之拼搏实在是费心费力。这时人们也会问自己："就这点胜算，值得这么拼吗？"

因比较而失败

除了激发斗志，与他人进行比较也会打击人们的士气，甚至让人们放弃争取。[51] 毕竟，如果退出比赛，比如在比赛途中扭伤脚踝或出现其他意外，就不会有人知道我们继续比下去的结局会有多可悲。

人们中途弃赛的决定和自身对竞争的预期有关。以工作中一场很重要的报告为例，人们不走寻常路，在报告的前一天晚上出门参加聚会，这样一来，如果人们把事情搞砸了，还有安慰自己的借口。这就好像在用软绵绵的棉花垫包裹自己脆弱的自尊心。毕竟，如果失败了，可以将其归咎于聚会过后的一夜宿醉："我不应该整晚都待在外面的，那样我就能做好了……"

打断、退出以及取消比赛都为人们的失败提供了一个借口。如此一来，人们不仅不用承受挫败感，还能保留一种自己还不错的错觉——"如果继续比下去，我肯定能赢"。研究人员发现，基于这一原因，在比赛中被认为很有优势的选手反而更容易半途而废。相较于排名较靠后的网球选手，排名较靠前的网球选手更有可能中途退出比赛，即使对他们而言，比赛的胜算很大。

选择比较对象，赢得胜利

话虽如此，但从以上现象中我们能得出什么结论呢？比如，如何激励销售团队更卖力地工作？如何调动学生的学习积极性？

他人对人们的影响以及人与人之间的比较，都是十分强大的心理机制，会让人们意识到自己与他人的关系或差距，从而更努力，表现得更好。但与此同时，人们也会因此灰心甚至放弃。

只可惜，不论是在职场还是在学校，比较似乎都有些超出人们的意料，它倾向于默许“胜者为王”。所有赞誉和认可都留给业绩最好的人，献给最优秀的学生。但这只能激励有机会摘得桂冠的人，实际上，没有机会领先的人会因此灰心丧气。比如，业绩只是优秀同事一半水平的员工，或者考试得 C 和 D 的学生，他们意识到自己可能永远不能成为第一。这时，诸如“完全不值得”“我永远也赶不上”等情绪会涌上他们的心头，他们会想：“努力又有什么用呢？”

有解决这一问题的办法吗？有。

让人们保持斗志的方法之一就是缩小比较范围，即缩小与自己比较的群体。比如，企业可以根据业绩和表现，将员工分成不同的群体，将经验和能力相当的人分到一组，使他们相互比较。这样便可以避免出现因落后优秀者太多而毫无斗志的局面。同理，在职场中，这样的方法能让员工与稍稍领先于自己的同事比较，而不是与所有人比较，这样员工也能给出更好的反馈。

针对这一问题，哈佛大学研究员托德·罗杰斯（Todd Rodgers）以政治领域的竞选捐款为对象展开研究。[52]他向美国佛罗里达州超过一百万名民主党党员发送两类邮件，根据民意调查，通知他们州长竞选中民主党的候选人即将胜出或落败，胜出者与落败者之间的差距很小。结果发现，相比快要胜出的候选人，即将落败的候选人能多募集60%的竞选捐款。

这一现象甚至还会影响人员招聘。用人单位可能愿意聘用有资格胜任工作，但还不适应新岗位的人。因为对这类求职者来说，新工作的挑战越大，他们越需要展现自我，所以他们比那些经验丰富的人更有工作动力。

总体来说，不论是在招聘员工、募集资金还是在节约用电等方面，人类很明显不是受理性驱动的机器人，而是社交动物。他人会影响人们的行为，如果人们生活在“小康”社区，人们便倾向于更有责任心、更友好，身体也更健康，等等。但与此同时，人们也不想和邻居一模一样，人们希望求同存异，找到最佳的平衡点。

在这方面，人们能掌控的便是选择让谁对自己造成影响，因为人们意识到了他人能对自己的行为和表现造成重大影响。

如果人们善于利用这一现象改善自身和他人的生活，对大家都有益处。人们可以设定计划，搭建体系，改善所处环境和局面，组织相关活动，最大限度地利用这一人类特有的现象。

幸福感及良性人际关系的意义

什么是幸福，人们有可能让自己更幸福吗？

如果人们了解自己幸福感的来源，便能选择做那些让人们更快乐的事情，同时，避开那些让自己不那么幸福的烦恼。本节主要讲述人类幸福感的来源，讲述那些能提升自我幸福感的因素。

你的幸福来源是什么

有几个很明显的因素能让人们感到幸福。[53]

第一个因素是大自然。2008 年是人类几千年中的历史里程碑之一：城市居民的人数首次超过农村居民。这是好事还是坏事？首先，总体来说，大部分城市居民确实比农村居民更健康，在经济上更富有。但关于幸福感的研究表明，在自然环境中，人们会感到更幸福。有青山绿水做伴的人比困在混凝土小房间里的人更快乐。即便如此，生活在大城市中的你也不用太担心，你依旧有机会通过到城市附近的大自然环境中放松身心，或者坐在公园的长椅上读一本书等方式，感受大自然的美好。

第二个因素是接触、学习新鲜事物。有好奇心、坚持学习新知识的人更幸福。坚持学习并不意味着你一定要“啃下”几本几何学图书，或重温学校的各个科目。你可以挖掘关于他人或者自身的新认识，读一本书，尝试一项新活动，或去一个新的地方旅行。如果你认为这个世界很有趣，那么你便更有可能成为“幸福俱乐部”的高级会员。

第三个因素是在生活中有方向感，有目标。人们要思考自己想要实现的人生目标以及如何发挥自身最大的潜能。不断更新目标能让人们更幸福，更有成就感。做出不错的决定等也能提升幸福感。简而言之，朝着目标前进能让人们感到幸福，而当人们感到更幸福时，人们便更有可能实现自己的目标。这形成了一个积极的反馈循环。除此之外，如果还能做到乐于助人，那么人们的幸福感就会得到更大的提升。

第四个因素是热爱生活。也许，人们都应该坐下来好好想一想自己热爱什么：我们喜欢现在自己正在做的事情吗？自己喜爱的工作、兴趣以及各类活动也是让人们对生活感到满意的因素。

也许你希望能去郊外走一走，或者一周中至少有四晚为孩子读一读书。你可能喜欢健身，喜欢和小动物待在一起，喜欢上课或培养一个兴趣爱好。把时间花在有趣且富有挑战性的事情上也很不错。请尽可能地保持这种对生活的热爱。

第五个因素是生活态度。你如何看待自身、他人和你周围的世界？你是否倾向于乐观地看待身边的人或事？你是否能注意到身边积极的事物，以乐观的角度看待一件普通的事情？你是否总能回想起之前的美好时光？心理学中有一个被称为“AIM”的幸福三因素模型，“AIM”分别是指关注（attention），即发现他人和生活的美好；解读（interpretation），即乐观的心态，比如认为半杯水代表水满了一半而非空了一半；记忆（memory），即能回忆好的事情，而非对过去遭受的不公耿耿于怀。当你朝着以上三个方向努力时，不论你用何种方式在何处度过你的人生，你都更有可能成为一个更幸福的人，过得更充实。因此，请养成“乐观地看待生活”的好习惯，心存感激，学会欣赏，在任何情况下都看到那一缕曙光。这会让你的人生更加美好，如此，你便成了所谓的“人生赢家”。

第六个也是最后一个幸福感提升因素比其他的因素更为重要——人际关系。

几乎所有人偶尔都有可能产生这种感受：总体来说，别人挺惹人烦的。比如，说话说到一半被他人打断，或者有些人开车毫无章法、十分疯狂，又或者伴侣不知为何突然大发雷霆。尽管如此，人们真的想活在一个没有他们的世界里吗？人们需要身边人关心，也需要有自己关心的人，人们需要和他们分享自己的经历。与幸福感相关的研究也印证了这一点：人际关系对人类的幸福感至关重要。事实上，缺乏其他几个幸福感的来源不一定会让人们郁郁寡欢，但是没有积极有益的人际关系，人们很难感到幸福。

研究员艾伦·伯切德（Ellen Berscheid）称，让人类得以生存的决定性因素包括社交性格、彼此相爱以及相互合作的能力。[54] 有人认为人类能主导地球得益于抽象性思维，这不无道理，但越来越多的证据显示，人类能主宰地球还因为人类拥有社交思维。那些最具影响力的想法、最酷炫的发明创造、最成功的企业，以及收获颇丰的狩猎远征通常都需要团队合作，因为只有团队合作才能挖掘出每个人最大的潜力。

社交思维帮助人们成功地建立并维系人际关系。语言作为一项工具，让人们能和彼此分享周围的信息，不是所有信息都需要分享，人们要传达的最重要的信息与他人有关，比如群体中谁最值得信任？谁擅长做什么？应该避开谁？当然，还包括谁和谁有交情？谁和谁在打情骂俏？谁不好相处？谁不可靠？谁值得信任？这些都是很珍贵的信息。

从本质上来说，人类是社交动物，有和他人沟通的需求，因此，与他人交谈的能力逐渐变成促进语言发展的重要因素。找到值得信赖的人能让小群体变为大群体，如此一来，人们便能更好地协同合作，把事情做得更精细，也能提高活动的参与度。

幸福感是一种资源

幸福感会使人生更顺畅，它就像货币，有了它，便能买到更多的快乐。比如，如果感到幸福，人们会更愿意寻找和建立人际关系，有动力运用自己的创造性思维，并且对新鲜事物抱有好奇心，感兴趣。心态好，大事都能化小；心情好，人们会感觉更自如、更质朴、更纯粹。

感到幸福有益于健康，也能延年益寿。不只是快乐的人自己相信自己更健康，医学测试也从客观角度证明了他们的健康水平。为什么他们更健康？因为他们有更好的免疫系统。话虽如此，乐观的人也可能面临健康风险，因为过度乐观会让他们忽视自身的疾病症状，因此没有及时求医。

有一项研究曾调查情绪对天主教修女总体健康水平的影响。[55]根据受试的每位修女在22岁时的个人记录，研究人员找出了代表她们积极和消极情绪的字眼。共有180名修女参与实验，结果显示，最快乐的45名修女比最不快乐的45名修女更长寿——两者之间的寿命差距高达10年！

还有一项针对96位心理学家的自传进行的类似研究。研究发现，在自传手稿中语气幽默而积极的心理学家的寿命比平均值长至少六年。相反，用“紧张”“焦虑”等字眼描述其人生的心理学家的寿命比平均值少五年。

与他人建立亲密的人际关系也与健康息息相关，人际关系的类型对健康的影响不那么明显，但与他人关系疏远会让人产生不幸感，甚至抑郁。

这是否意味着建立的人际关系越多，就越好呢？并非如此，针对这一问题，有研究表明，大部分时候人们与他人的交流都出现在固定的六个人之内。[56] 通过询问身边的人也能了解这一点，人们都希望拥有“几个贴心的密友”，而不是“朋友满天下”。人际关系的质量比数量更重要。

直面现实吧，人们会被他人吸引，也需要温暖、亲密，以及他人的同理心——但是有时候，人们会发现自己身处的关系几乎没有温暖、亲密和同理心可言。

独善其身，还是委曲求全

那么，为什么即便某人完全背离我们的需求，我们还是会对这个人产生依恋呢？这个人对我们很不好，无视我们，不顾及我们的需求。这个人还可能会贬低我们，触碰我们的底线，低估我们，甚至对我们恶语相向，即便如此，我们为什么依旧会对这个人产生依恋？

这是否因为自我认识在告诉我们，我们没办法建立更好的关系？是否因为我们认为自己不配拥有一段健康且有爱的关系，或者只是因为我们认为必须改变这个人，又或者其实这就是我们自己的错，这个人的行为无可指摘？

以上原因都有可能。除此之外，也许还有另一个最重要的原因能解释为什么人们愿意维持一段恶性关系，那就是不想变得孤单。这种情况下，人们可能会想，“要是之后再没有其他人愿意和我在一起怎么办”“这可能是我找到伴侣的唯一机会了”。

事实上，孤单令人伤心。被丢下、被排挤会造成实实在在的痛苦。研究表明，孤单带来的伤痛在某种程度上堪比身体上的疼痛。为了排斥孤单带来的如“离别的痛苦”等社交疼痛，人们长久以来积极地与父母和孩子保持亲近，努力归属于群体。人们对归属感的需求十分强烈，以至于有些人愿意为此付出沉重的代价。比如，有些人宁愿在一段恋爱关系中委曲求全，也不愿独自一人。[57]

如果孤独让人痛苦，那么接下来，我要清清楚楚地阐述维持一段不好的关系会对我们造成的影响。

首先，研究表明，相较于关系恶劣，关系良好更有利于伴侣的健康。一段好的关系在人生中是强大的幸福催化剂之一。[58]然而，一段恶劣的关系会引发极度的伤心并有害健康。如果婚姻不幸，女性的免疫力会受损；如果女性与丈夫分开并且在情感上依旧依恋丈夫，女性的免疫力也会下降。

恶劣的情感关系造成的不良影响比独自一人所能造成的不良影响大得多。[59]如果在生活中，你总是为了琐事和对方争吵，常能听到对方贬低你的价值，或者指责你做什么都不对，你的内心深处就会受到巨大的伤害。这一系列消极的你来我往、冲突、批评和不被喜爱的感受会在极大程度上影响感情的和睦。[60]这就是为什么，委曲求全比独自一人的杀伤力更大。

此外，恶劣的情感关系还会影响我们的身体。

人们体内的端粒（telomere）与衰老有关。细胞每分裂一次，端粒就变短一些，端粒越短，身体便会越发衰老，任何年龄段的人都是如此。因此，人们应该都希望端粒尽可能地保持其该有的长度，也肯定都不愿意看到端粒过早消失。但不幸的是，以下几个因素会缩短端粒：吸烟、压力过大以及关系恶劣。[61]一项以双胞胎为对象的研究探讨了人际关系对身体衰老的影响。结果显示，有良好人际关系和没有良好人际关系的双胞胎之间，身体衰老程度差距多达十岁。

互累症（codependency）[①]是和需要被照顾的人生活在一起的人可能出现的心理现象。但这一症状也会出现在情感关系恶劣的人群中。有互累症的人想要控制被照顾的一方，他

① 也称共依存症，是指照顾者和被照顾者之间一种失衡的、病态的依附状态。一般而言，被照顾者大部分是缺失社会功能的人，例如滥用药物的人及精神病患。——译者注

们通常会根据对方的状态调整自己的性格和行为。他们为什么要这样做？因为这样能改善对方的情况吗？至少他们认为这样对对方可能有所帮助吧？

实际上，导致人们患上互累症的原因是，如果没有可以照顾的对象，人们会产生一种空虚感。这可能是因为这类人的自我认识很消极，他们忽略了自己的需求，更注重他人的利益并过度干涉他人和他人的问题。也许这类人本身富有同理心，忠诚于他人，不太擅长设定底线或拒绝别人，也不太擅长表达自己的想法和需求。更有甚者，他们可能被恶劣的情感关系吸引，发现自己陷入恶性关系后也无法抽身。以上种种都会导致人们被恶劣的情感关系困扰。

如果你有互累症，那么你自身的状态就会被他人的心情、欲望和需求影响，因为你一直在适应别人的状态。这样互相依存、拖累的关系成了你生活的全部。要维系这样的恶性关系十分耗时耗力，如此一来，你会失去自我认知，这一切都让你更加难以脱身，你会逐渐失去自我。

但是，即便希望很渺茫，有问题的伴侣依旧存在被改变的可能，只要你让对方意识到你与他同在，问题就总是会得到解决，毕竟爱能够战胜一切，不是吗？如果你有这样的想法，那么此时，你应该问问自己："真的会变好吗？有什么确切的迹象表明事情会好转吗？"这时也许你会感觉还有希望。比如，你的伴侣某天晚上表现不错——"我们昨晚出去吃饭了，过得很不错"，或者你们整整一周都没有出现太多问题——"这几天都风平浪静，他甚至还有点招人喜欢"。但可惜，自欺欺人总是更容易。现在，集中精神，请你和我分享一下，情况得到改善的可能性到底有多大？

在回答这一问题时，你和伴侣的初次见面很重要。第一印象意义重大，如果两人的初次见面给你留下了十分美好的印象，那么你可能愿意沉浸在过去的假象中。当然，你希望时光能倒流，你们能重归于好。你为这段感情投入了大量的心血，你也不是随便放弃的人，毕竟你投入了几年的血泪："这么多年的努力不能就这样付之东流吧！"你几乎无法想象没有伴侣的生活，因此，即便知道这段关系有问题，你也认为这是更好的选择。

但最终，你还是要做出选择：是盲目坚持，可悲地活着，还是向前走？当你意识到其实自己值得拥有更好的伴侣，你的孩子（如果有）需要在一个更积极正面的环境下成长（因为你肯定不想让他们步你的后尘）时，你就会做出正确的选择。

你会渐渐发现，生活原来还有更丰富、更深层次的意义。而且，你会意识到，这样的生活比叫醒一个装睡的人的生活有意义得多。

好的关系需要找到平衡点

虽然人们很容易陷入互累症的陷阱，但通常人们还是大概会知道自己所处的关系是好是坏。如果实在不清楚，至少请思考以下问题：两人相处时，你感受得更多的是正能量还是负能量？

有些负能量比其他负能量更严重，更具杀伤力。但总体来说，一段关系的正能量和负能量之间存在一个平衡点。根据戈特曼原理，正能量与负能量之比为 5 ∶ 1，即每出现一次消极的交流，就需要用五次积极的沟通弥补。因此，如果你对伴侣说了一次不好的话，那么请至少说五次好话来抵消。

戈特曼原理由约翰·戈特曼（John Gottman）和罗伯特·莱文森（Robert Levenson）在 20 世纪 70 年代从针对伴侣的研究中得出。[62] 他们要求伴侣在 15 分钟内解决一个冲突，之后便放手观察伴侣们。九年后，他们收集了完整的信息，并且能准确预测伴侣的感情状态，他们对伴侣之后是会在一起还是会分开的预测准确率高达 90%。他们发现：决定伴侣关系是否和谐的关键在于，他们在解决冲突时能否找到正能量和负能量的平衡点。长期关系中的正负能量之比是 5 ∶ 1。

长期关系较和睦的伴侣更能积极地解决问题，更注重关系中的欢笑和轻松，因为他们的情感关系恰到好处。而如果两人发生冲突时正负能量之比为 1 ∶ 1，那么这时警钟会被敲响——两人在离婚的边缘徘徊。但是 5 ∶ 1 的比例并不是固定不变的，也不适用于所有关系。比如，父母和未成年孩子之间的比例应为 3 ∶ 1，雇主和雇员的比例为 4 ∶ 1，而朋友间的比例为 8 ∶ 1。

还需要指出的是，愤怒在一段关系中的消极影响可能并没有想象中可怕。愤怒的杀伤力取决于其表达方式，比如，表达方式是夹带着批评和轻蔑，还是只体现了人们的自我防御。伴侣间负能量最大的交流主要体现为僵持不下、互相批评、相互戒备，或者直接翻白眼。

请铭记：负能量的影响很大，因此需要更多的正能量来稀释，请遵守 5 ∶ 1 原则。在出现冲突，需要抚摸彼此的伤痛时，同理心和认可总是最好的良药。

关系和睦的伴侣处理冲突的方式和关系欠佳的伴侣有所

不同。首先，在产生冲突时，他们会采取更缓和的方式，会强调双方的关系中积极的一面，用合适的方式保持处理冲突的积极状态。“合适的方式”主要是指对伴侣保持兴趣和关注（只需要有提问或者点头等简单的行为），表达自己的爱意，让对方意识到他们很重要（可以加上一些小动作，以此缓冲紧张的氛围，让两人始终关注积极的一面），并且表达欣赏之情（关注对方的优点和优秀事迹）。

发生冲突时，找到两人达成的共识很重要，同时也要向对方表达同理心，请求对方的原谅，从对方的角度理解问题，而且，要学会笑。在产生冲突时突然有引人发笑的行为似乎很傻气，但是找到机会让彼此一起大笑能够浇灭任何激烈冲突的战火。但请注意分寸，只能在适当的场合和话题中开玩笑，并且记得找到你们共同的笑点。

总而言之，请尝试找到人际关系中的平衡点。但请记住，你所传递的积极态度、口中的赞许应发自内心。如果你认为自己不得不指出对方的问题，请批评对方的行为，而不是他们的人格。

所幸，人际关系和幸福感相辅相成。幸福的人通常有更好的人际关系，良性的人际关系能让人更幸福。请记住，越能在人际关系中采取积极的行为，激起正面的感受，这段关系越稳定，关系中的两个人也会越幸福。

当别人对你有好感时

与他人建立稳定关系，被他人喜欢、尊敬，有人爱自己，等等，这些事能极大地提升人们的幸福感。曾有研究针对大脑在面对不同目的的消息时，所出现的不同反应展开。[63]

在其中一项实验中，参与者会收到不同类型的消息，同时配备的仪器会监测他们处理消息时大脑的反应。这些消息由参与者身边亲近的人，比如亲朋好友和其他重要人士等编辑。消息共有两类，一类是进行客观评价、无感情色彩的消息，比如“你的头发是棕色的”；另一类是与参与者本身有关、有积极感情色彩的消息，比如“你可能是唯一一个关心我胜过关心自己的人”。

实验中，参与者可以将这些来自身边亲近之人的“问候”读出来。实验结果发现，带有积极感情色彩的消息所激活的大脑区域和他们获得其他奖励时所激活的区域一致。实验结束后，研究人员问参与者愿意付多少钱重新读这些消息，出乎意料的是，大部分参与者都愿意为了再次读这些消息奉还参与实验所获的所有费用。

以上研究与我们最珍视的人对我们的看法有关，但是，陌生人对我们的看法是否也能产生一致的效果？令人意外的是，答案是肯定的。在一次实验中，参与者首先在屏幕上看到了一个陌生人的脸，之后研究人员告诉参与者，这位陌生人想要和他们交谈。此时，参与者大脑的激励中心被激活，并且即便参与者并非真的想和这位陌生人交谈，他们的大脑激励中心也会被激活。[64]

如果他人表示出其好感，那么即便这个人是人们不愿意产生过多交集的陌生人，也能激活人们大脑的激励中心。许多研究表明，人们十分渴望他人对自身的认可和正面评价，这种渴望的程度有时强烈到让人有些窘迫。如果仔细衡量，会发现这种渴望似乎比人们对金钱的追逐更强烈。或许这也是社交软件如此受欢迎的原因：即便人们不打算与向自己发消息的人约会，也会接收并确认对方的消息。

因此，既然积极的社会反馈如此重要，那么为什么不将其更多地用在同事、学生和家庭成员身上呢？面对身边更亲近的人，人们更应不吝赞美之词。对他人表示肯定能让他们感到快乐！

人类本性中的自私与善意

催产素实验

人的本性到底是什么？是本善还是本恶？人的本质是慷慨大方，还是自私自利？

这可能不是一个容易回答的问题。但可以确定的是，当人们需要在特定情况下做出抉择时，当人们在两难的处境中尝试区分对错时，有一种激素会影响人们的决定——催产素。催产素与人们是否做出善意的行为有关，也是促进人们与他人联络感情的激素。人们其实可以影响自身的催产素水平，后续内容将提到如何做到这一点，但在此之前，先来看一个和催产素有关的实验。

学者保罗·扎克（Paul Zak）在其第一本著作《道德博弈》

（*The Moral Molecule*）中提到一项实验，实验探讨的第一个问题是：一个人与他人分享金钱的意愿有多大？[65]研究中另一个更为有趣的问题是：血液中的催产素是否会影响人们的慷慨程度？

该研究开展了信任博弈（Trust Game）实验，具体安排如下：实验参与者在参加实验前被告知实验与经济决策有关。共16名实验参与者一起进入一个大房间，他们彼此互不认识，每个人都有单独的小隔间，小隔间里各有一台电脑，参与者会按要求阅读指令。

假设你是参与者之一，你在一开始发现你的游戏账户刚刚收到了因为参加实验而得到的10美元。你可以自己留着这10美元，而且在实验开始后，你还有可能拿到更多的钱。钱从哪里来？你的电脑很快便会随机抽取另一位参与者，并且向他（实验会对参与者进行匿名处理）索要更多的钱。比如，你的电脑向阿德里安发出请求，问他是否乐意把他的10美元的一部分或者全部转给另一位匿名玩家（这位玩家就是你）。

这时，你肯定会疑惑："阿德里安有什么理由给我钱？"根据游戏规则，如果阿德里安同意把钱转给你，那么钱在到了你的账户之后，会自动变成原来的3倍。也就是说，阿德里安有机会让你更富有。如果阿德里安真的把钱转给你，那么他的行为是否只是因为他无私，并乐于助人呢？其实不完全是。游戏还规定，阿德里安把钱转给你后，电脑还会问你是否也愿意把钱转给他。请记住，在这一情况下，如果没有阿德里安，你便不会有这一笔钱。因此，最大的问题是：你会回报阿德里安的慷慨之举吗？换言之，我们是否能相信你也会还他这个人情？

请注意，完全没有人迫使你一定要把钱转给阿德里安，也没有人要求你一定要显示出比其他参与者更高的道德水准，你匿名参加实验，而且电脑会隐藏你的行为。你不知道谁向你转了钱，同样，向你转钱的人也不知道你是谁。甚至研究人员也只能根据序列号区分每一位参与者。

所以，只有你自己知道自己在做什么。是否回报其他参与者的善举完全取决于你是否有良心。游戏一结束，只有你自己知道你赢得了多少钱。

从经济学角度出发，我们通过以下例子可以观察并设想该实验将如何发展。

假设阿德里安从自己的 10 美元中拿出 2 美元转给你。2 美元到你的账户后变为原来的 3 倍即 6 美元，你因此拥有 16

美元。这时，阿德里安还有 8 美元（而且还有可能从你那里收到一些）。你完全不知道谁向你转了 2 美元，所以也不知道应该回馈谁的善意。于是你认为，把赚来的 6 美元转出去一半便已经仁至义尽了。收到你的 3 美元后，加上原先的 8 美元，现在，阿德里安的账户里共有 11 美元。这时，你（有 13 美元）和阿德里安（有 11 美元）的钱都比游戏开始时更多，你们都有了利润。当然，你也完全有权利只关注自身，选择不回报阿德里安的慷慨举动，保留他给你转的所有钱，这时你的账户共有 16 美元，阿德里安有 8 美元。你和阿德里安都不知道他给你转过钱，因此实验结束以后，你也不用“掩面逃走”。

加大数值后，这个实验会更加有趣。如果阿德里安是一个很相信别人的人，选择把 10 美元全部转给你，那么到你账户上的钱就会变成 30 美元，你一共拥有 40 美元。如果你是一个厚道的人，那么你就会和阿德里安平分利润，他会拿到 15 美元；而如果你并不厚道，则会把所有钱占为己有，最后带着 40 美元结束游戏。暂且先不说你之后每天早上起来时是否敢直面镜子里的自己，在实验中，不管你做任何决定，都没有人会谴责你，一切都只取决于你自己。

进一步的问题是：如果你完全没有义务在实验中做一个

值得信任并且可靠的人，也完全没有人知道你到底做了什么，那么你还愿意回报来自陌生人的善意吗？即便要你亲自掏钱还回去？

这一实验还探讨了相关问题的性别差异。我们把第一个被要求转账的人称作玩家A，将玩家A的转账对象称为玩家B。男性玩家B回报善意的概率是25%，而女性玩家B回报善意的概率则是42%。而且很多男性回报的数额比女性少得多。多达30%的男性只转回了10%的钱，而只有13%的女玩家和男玩家一样冷漠，只转回10%。多达24%的男性玩家没有转回去钱，而只有7%的女性也是如此。该实验通过血液样本检测参与者的催产素水平，至于参与者是否慷慨大方，则通过他们上报的金额大小判断。

另一项研究表明，催产素能够巩固伴侣之间的感情。在两个人相遇、相爱的过程中，身体的催产素水平会上升。催产素水平越高，两人也就越依恋彼此的身体，行为也会变得越同步。而且，研究人员发现，两人的关系越长久，幸福指数就会越高。

上述实验是否表明催产素能促进人际关系的发展？是的，确实如此。催产素可以促进人们产生亲社会行为，提高社会能力。亲社会行为被定义为“旨在造福他人而非满足自身利益的行为，比如帮助、安慰他人，分享、合作等”。[66]亲社会行为主要与慷慨、助人、合作、遵守规则、采取被社会接受的行为有关，总体来说就是帮助他人或整个社会的行为。

人性本善吗

最近我读到的一篇文章写道，一所幼儿园里的孩子每天都给彼此按摩几分钟。在职场或家庭中，人们也可以用类似的方式向他人表现自己的信任和依赖，以此提高催产素水平。当催产素水平提高时，人们的言行就会更周到、贴心。[67]

研究发现，有了正确的刺激物后，身体分泌的催产素便会开始增多，之后再渐渐回归正常。有研究表明，刺激所提升的催产素水平可以维持约一个半小时，[68]有的研究甚至认为这一时间还可以更长。[69]请注意，上述实验大多以鼻腔分泌的鼻内催产素为研究对象，这类催产素的浓度很高，仅一个拥抱便足以让这类催产素长时间维持在稳定的水平。

在信任博弈实验中，玩家 A 对玩家 B 的信任通过其向玩家 B 转移的资金数目衡量，收到转账会促使玩家 B 的催产素水平达到峰值，之后逐渐回落。并且实验还发现，玩家 B 的催产素水平与他们是否愿意回报玩家 A 的信任可能有直接联系。此时，玩家 A 向玩家 B 转移的金钱数目会影响催产素的水平，这反映了催产素水平的另一个特点——玩家 A 转给玩家 B 的钱越多，玩家 B 的催产素水平便越高，玩家 B 返还给玩家 A 的钱也会越多。

换言之，给予他人的信任越多，便越会促使他人的催产素水平上升，从而让人们的感觉更良好。

催产素水平不仅受身体接触和他人对人们的信任这两个因素影响，人们生来就有不同的催产素分泌和吸收能力。研究表明，某些基因决定了催产素水平的高低，或者拥有能吸收催产素的受体数量的多少。拥有这类基因的人往往拥有更稳定、专一的关系，能成为更称职的父母，能从更多的视角看待问题（与利己主义相对立，从他人的角度看待事物），并且更富有同理心。

同理心或者催产素水平也存在性别差异。当然，女性也会犯罪，也会有犯罪记录，也有可能虐待自己的孩子，但一般情况下，其恶劣程度低于男性。与男性相比，女性更善解人意，更值得信赖，也更体贴他人。除此之外，在很多情况下，女性都更慷慨大方，也更乐于投身慈善事业。[70]

亲近自己人，排斥局外人

虽然人们都有建立人际关系的需求，但这并不意味着人们会不加选择地与碰巧出现的任何人建立关系。随着大脑逐步发育，人们在选择共度时光的对象方面也更挑剔。但问题在于，催产素水平的高低取决于碰巧出现在人们身边的人是谁。当然，谨慎选择对人类有益，毕竟，其实人们应该只信赖那些经得住时间考验的人。

催产素的功能有很多，例如帮助人们观察各种社交情境甚至其中的细微差别。人们可以把催产素看成一种社会与道德的指南针，它可以帮助人们采取必要措施来规避风险。催产素还能促进母亲与孩子之间的感情（虽然并未直接表明，但催产素也能促进父亲与孩子之间的感情），让单伴侣、单配偶制[①]的关系更加和睦。催产素能缓解焦虑和压力，提升信心，丰富社交关系，并提高合作意识，让人们更慷慨、更关爱他人。换言之，提高催产素水平是改善任何职场或家庭关系的完美选择。

---

① 与多配偶制相对，指人类一种两两配对，每个个体只拥有单一配偶的亲密关系或婚姻关系，两者一生中，或在生命中任何一个时间段，只会与对方维持关系。——译者注

但是，催产素无法在任何情况下都带来和平与关爱。实际上，只有在面对被自身视为与自身平等并且属于自己群体的人时，也就是在面对所谓的与自己相投的人时，催产素才能促进人们产生亲社会行为。而在面对其他人时，同样水平的催产素只会让人们对陌生人产生更大的敌意，表现得更不友好。这听起来并不那么有趣……

人们的身体也许是为了增强社会能力，让自己了解自己是谁，并密切留意他人的言行而分泌催产素的，这是关乎生存概率高低的重要因素。但是在当今社会，催产素也会给人们带来麻烦。万幸的是，人们能判断谁是与自己相投的人。这一点在职场中很实用，因为这一能力决定人们是否能很好地发展职场关系。判断谁是与自己相投的人的关键在于人们认为自己与他人拥有多少共同点。比如，人们可以通过比较自己与他人的肢体语言或说话方式，找出彼此的共同点；还可以观察两者对事物的感受是否相同（态度相似点），或者是否把时间投入类似的活动（活动相似点）。

与他人的身体接触以及他人对人们的信任会刺激身体分泌催产素，从而让人们感到平静，增加与他人的亲密度。催产素帮助人们分析自身所处的社交环境，让人们发现其中的细微差别。催产素就好像社会和道德的指南针，为人们的行为处事指引方向，帮人们规避不适和风险。但实际上，催产素也会放大人们已有的倾向：慷慨的人会变得更慷慨，吝啬的人也会变本加厉。

面对被视为自己人的对象，当身体分泌催产素时，人们的行为会越来越慷慨、善良，会更有合作意识，更体谅他人。此时，即使面对长时间无法达成一致的争论，我们也会想办法更快地与对方和好。观察动物界，我们能发现几种所谓的“和解行为”。在使用了打架等其他消极的交流方式后，有些动物会采取一些行动来缓和矛盾，比如清洁彼此的皮毛，或者比平时更紧密地簇拥在一起。彼此依偎能让它们冷静下来，重归于好。

动机一小结

与其他物种相比，人类有哪些与众不同之处？通常，浮现在人们脑海中的答案通常是：人类会使用语言，有推理能力，拇指能内扣（拇指内扣让我们能够抓握物体，确实是一项特殊技能）。

然而，千百万年来，对人类生存提供了最大帮助的可能还是我们的社会属性。这一属性可以一直追溯到 2.5 亿年前，哺乳动物刚诞生于地球时。

纵观哺乳动物的历史，社交能力一次又一次地为人类提供了生存优势。人类的社会属性得以持久发展的原因是：它既有利于人类的生存，也有利于人类的繁衍。掠食者并没有对那些看上去最愚蠢或行动最缓慢的人类虎视眈眈，其目标是似乎没有跟上大部队的人，那个似乎有点脱节的局外人。接下来会发生什么呢？

纵观哺乳动物的历史，社交能力一次又一次地为人类提供了生存优势。

绵羊偏离羊群时会惊慌失措，分泌应激激素皮质醇（the stress hormone cortisol）。而一旦与羊群重聚，皮质醇就会停止分泌，催产素的分泌水平开始上升，甚至人类也是如此，需要与其他人共处才能感觉自在。分泌催产素是身体奖励人们与他人做伴的体现，有人陪伴的感觉也真的很不错。与单独行动相比，和同伴一起共同警惕掠食者是一种更有效的策略。群居中的个体能获得更多营养，丢失后代的概率也会降低。被群体孤立可能意味着死亡，而群体生活则意味着被保护。开始群体生活后，人类的生活从此变得更加轻松。

建立人际关系的动机帮助人类这一物种生存至今。但同时，这一动机也可能驱使人们采取不利于生存的行为和决策，出现对生存有害处的情绪。因此，有必要针对这一动机提出合理建议，以此提升生活质量，这样做甚至会让你庆幸自己拥有这一动机。主要建议如下。

注意相似之处。人们愿意与他人拥有共同点，并欣赏彼此的相似之处，甚至享受拥有共同点的状态。与他人相似意味着与他人同属于一个群体，这让人们拥有群体归属感，也让人们可能有更高的生存概率。意识到自己存在寻求共同点的需求后，人们可能更容易在语言上冒犯他人。因此我的建议是：请专注于你与他人拥有的共同话题、观点和活动。

模仿他人。模仿他人的行为会增加对彼此的好感，提高找到共同点的概率。模仿行为能催生一种依恋感，它就好比一种社会黏着剂，能巩固人们的人际关系。

选择能影响你的对象。人们的兴趣、午餐选择以及锻炼频率都会受到他人行为的影响。人们的决定会受家人和朋友的影响。而且，社会地位高的人对我们有巨大的影响。[71] 如果想朝着正确的方向发展，那么请选择你希望被他影响的人，选择与你价值观一致的人。

选择能影响你的因素。社会影响将人们推向两个相反的方向：一方面模仿他人，另一方面又希望与众不同。我们还需要考虑虚荣效应：他人使用某物品的频率越高，人们获取或使用该物品的兴趣便越小。下一次购物时，请考虑哪些因素会影响自己。

表示赞赏。他人的评价总是能激发人们强烈的反应。大量研究表明，人们非常渴望得到他人的认可和赞赏，渴望他人夸奖自己“做得好”，拍拍自己的肩膀以示肯定。这种认可甚至比金钱更具吸引力。直接针对人们的正面评价和其他形式的激励一样，都能激活大脑区域。即便是面对不想花时间交流的陌生人，当对方向人们表示好感时，人们大脑的激励中心也会被激活。因此，请对他人的优秀表现表示认可，或者表达你的好感。

应对社会排斥。人们或多或少会遇到类似的情况，比如穿错衣服参加聚会、思维不同于他人或者搞砸了一场演讲。与他人不同似乎和犯错一样，都意味着可能被群体排斥。如果清楚这种恐惧的根源，便能更好地应对这种恐惧，偏离群体时的不适感也会小一些。

减少独处时间。团结是人类的生存策略，这也解释了为什么人们对孤独的状态有如此强烈的反应。意识到这一点也能帮助我们更好地应对孤独。同时，对人们而言，更重要的是要意识到：通常来说，无论人们做什么，有他人陪伴时人们都会感觉更好。如果生活中你的独处时间太多，请尝试时不时地让别人融入你的生活。

发展高质量的人际关系。科学家已经证实，人际关系的质量（而不是数量）会影响健康。[72]

学会应对曝光效应。看到某些事物（文字、广告、建筑物等）的频率越高，人们对其的好感度便越大。如果想引起某人的注意，请和这个人接触，比如偶遇、聊天，或者让他看到你的照片。同时，你还需要掌握分寸，有时候虽然你的本意并非如此，但多见几次面会让好感飙升。

三思而后行。有时候人们并不确定自己想要什么，即应该做什么决定。在这种情况下，人们会向他人求助，观察他们如何应对相同的情况，他人的行动和决定会引导人们，这样做省时、省钱。可问题在于，研究表明，尽管有时候人们明知道群体的决定是错误的，也清楚地知道正确的解决方案是什么，却仍然会服从群体的意见。今后，在打算做“其他所有人”都在做的事情之前，请停下来稍加思考：“这样做对我来说合适吗？这是我心中所想吗？”

打破社会影响力。在职场中，有时人们可能需要打破社会影响力，这样才能做出更好的决策。这类技巧包括：保证个人意见的私密性，例如发放匿名调查问卷；敢为人先，因为率先表达的意见对最终决策有决定性作用；在会议开始前和与会者交谈，即在活动开始前与每个参与者分别谈话，以此影响整体意见；在较小的团体中工作，因为团体的人数越少，个人意见的分量便越大。

敢于发出不同的声音。如果有不同的意见，请勇敢发声，因为其他人可能也持有不同的想法。这样你便率先发出了不同的声音，只要有一个人能成功表达意见，就足以带动其他人勇敢地表达自己。

在他人面前表现自己。不论他人是否与我们共事，有他人在场时，人们都能表现得更好。此外，在重要场合中，或者当你希望别人能有更好的表现时，请确保有其他人在场。同样，如果你希望某人的行为更加慷慨大方，请尽可能地在公开场合帮助他们改善。行事慷慨的人尤其依赖他人的认可。当有人在场时，多巴胺驱动的激励系统会被激活。研究显示，相比于花朵的图像，在公交车站贴一双眼睛的图像更能促使人们清理附近的垃圾。[73]

稍稍落后能让你充满动力。比赛中表现落后且可能落败的球队获胜率更高。如果你落后了，请在学校或职场中利用这一趋势激发自身斗志，提升自我表现。向团队成员解释这种心理机制，以此鼓舞士气，再接再厉。

不要轻易言败。除了激发斗志，与他人比较还可能削减士气，如果失败似乎是定局，人们就有放弃的可能。中途退赛意味着没有人会知道如果继续比下去你的表现会有多糟糕，这是一种挽回颜面的防御机制。请不要掉入这个陷阱，你应该朝着比赛的奖杯全力以赴。这样，即使最终事与愿违，你也仍然可以自豪地离开赛场，因为你无愧于自己的付出，坚持比完了全程，你并没有因为“错误”的原因放弃比赛。

小群体间比较。了解自己与他人的差距可以促使人们加倍努力，并且表现得更好。但是，过度比较也可能使人们灰心丧气，进而放弃。因此，不要推崇过度比较或者“胜者为王”。因为在这种情况下，只有最优秀的人，才能得到奖励，最终得到激励的只有那些有机会摘得桂冠的人，没有胜算的人只会颇受打击。要提倡适度比较，适度比较的秘诀是：将大群体划分成小群体，在小群体中进行比较，如此一来，每个人都相信自己有机会进步。

拥抱。拥抱、按摩和性生活都能提高催产素水平。这类活动能让人们的行为更慷慨、开放和善解人意。动物、人群和网络“人际关系”也能刺激身体分泌催产素。现实生活中的人际关系可能会令我们感到失望，但是，动物永远不会辜负我们。

信任他人。向他人表明你对他们的信任时，对方的催产素水平会升高，如此一来，他们也会更愿意接纳你，你们的关系也会得到改善。今后，在与同事见面或和孩子开始争论前，你可以记住这一点。当然，你也要确保自己是一个可靠并且值得信赖的人。

改善棘手的关系。诚然，有些人确实不好相处，但你可以努力将这些关系引向更好的方向。比如，第一天，与对方进行短暂的眼神交流。第二天，可以试着谈一谈天气。第三天，可以提及在新闻中听到的内容，也许还可以带一点微笑。让这类关系走上正轨可能还需要花很长一段时间。但别灰心，如果继续保持正常的交往，既不随意发怒，也不因个人原因让关系恶化，那么这类关系在几周后应该就能开启新的篇章。要有耐心，一步一个脚印。

摆脱恶劣关系。维系恶劣的人际关系会让人很伤心，也有害健康。如果能意识到自己不应该在一段恶性关系中消耗自己，意识到自己的孩子（如果有）需要在一个积极的环境中成长，那么你就会发现生活还有更丰富、更深层次的意义，而且，这比尝试挽救一个自暴自弃的人更有意义。

适度闲聊。与他人闲聊能让你观察周遭事物并同时获取多方消息，而不是仅从某个人口中获得第一手信息。你在闲聊中能了解谁值得尊敬，谁不值得信任，闲聊能助你远离不可靠、危险的人。话虽如此，但请记住：过度八卦会造成严重后果。

顾及每个人。社会排斥与人们的生存息息相关，因此，如果感到自己被排斥了，人们会有强烈的反应。认为自己被排斥的人的行为处事会不如以前慷慨大方，同理心也会降低。因此，请尽量顾及每个人。

动机㊁

对地位的渴望

为什么地位如此重要

为什么人类如此痴迷于地位？这是因为拥有地位能帮助人类生存、繁衍。从历史的角度来看，地位高的人能最先开始吃饭，能栖息在最安全的地点，也是更具吸引力的配偶或伴侣。

只可惜，对地位的追逐也有一些负面影响。过度追求地位导致人们不断与他人比较；让人们过度消费，尝试与有权势的人拉帮结派；同时，让人们更易嫉妒他人的成就，并刻意让自己看起来比实际更成功。[74]

地位是一种强大的动机。自然选择使人类进化为在意自身动机并受动机驱使的物种。在人们一切顺利，拥有更大的影响力时，神经化学机制会让人们产生积极的情绪，促使我们更追求地位；但在他人表现十分优异或境况很好时，神经化学机制又会让人们产生消极情绪。

我们不能完全否定地位的重要性，这一动机流淌在人们的血液中。当人们或人们的孩子表现得很不错时，突然要求自己对此无动于衷也不切实际。然而，人们也需要思考追逐地位的负面影响。当然，人们可以找到理性追求地位的方法。

地位到底是什么

地位关乎人们在社会中的位置。英语中“地位”（status）一词来源于拉丁语中的“status”，这个词是拉丁语中的动词“stare”（立足）的完成时分词。其他诸如“权力”“主导”和“影响力”这样的字眼也经常和地位联系在一起。

从狭义的角度来说，地位指特定群体中，人们在专业和权威领域的位置，比如在舞蹈团、职场中，或者在邻居间所处的位置。从更广义（更相关）的角度来说，地位是指人们在整个世界中的位置。回顾历史，我们会发现许多不同的社会群体都拥有各自的地位，比如贵族、猎手、上流人士等。狭义与广义的共同点在于，地位与个人经济能力的关联都很大。

对地位的位置等级划分，上至领导者，下至追随者。领导者的自我定位一般是做一个胸怀大志、有号召力和影响力、努力拼搏的人。追随者的形象则总是比较谦逊、替人着想。话虽如此，现实中很少有人丝毫不在乎自己的影响力，也很少有人对于自己的意见是否被他人采纳无动于衷。

接下来，我将带大家走进三个人的生活场景，带大家感受我们对地位的追求以何种形式体现在我们的生活中。

大卫今年 35 岁，拥有一家独资企业，公司已经运营了 8 年。他和妻子以及他们 3 岁的女儿住在斯德哥尔摩南部的郊外。去年春天，他买了一辆新车，车开在路上时的回头率很高。于是，大卫的邻居开始讨论："你看见大卫的新车了吗？"

"我觉得应该是他租的吧，我敢肯定他买不起这样的车。"

"他明明可以把钱花在更有意义的地方，为什么为了一辆车这么铺张浪费？"

这时，另一个邻居插话了："这辆车很不错啊！"

在他说话时，我知道，有一些旁观者虽然并未开口，但这辆车可能确实让他们眼前一亮。对此，大部分人都有自己的想法，少数人完全持中立态度。

事情还没有结束。大卫的家乡在诺尔兰北部一个遥远的小镇，他习惯了每年暑假返乡待上几周。他年轻时养成这一习惯并一直持续至今，甚至坚持到晚年。今年夏天 7 月的一个清晨，当大卫在为出发返乡做准备，把行李收拾好并放进新车时，他内心深处感觉到一些微妙的变化。把行李放到车上后，他驱车前往目的地，经过一天的长途跋涉，这辆载着一家人的小轿车最终驶进了诺尔兰。

之前大卫一般会走更近的小路回儿时的家，避免穿过小镇中心，但这一次，他直接开进了村子，开进了那个大家都互相认识的小村庄。村里只有一条主干道，两头各有一个环岛。透过挡风玻璃，大卫看见一位老同学走在人行道上，他欣喜不已，和同学打了招呼。他的同学一开始没看清楚是谁，之后瞥了一眼车，认出了大卫，于是这位同学也向大卫招招手，表情惊讶。大卫此时心满意足。

茱莉娅是瑞典北部的九年级学生，是一个受欢迎的初级群体[①]中的“酷妞儿”。在每一个群体中，总有些人能彼此相处得更好，并且双方会成为朋友。特别是在青春期，教室里的小团体似乎很容易区分，也许这是受电影里对人群划分的

① 指由面对面互动所形成的、具有亲密的人际关系和浓厚的感情色彩的社会群体。初级群体反映着最简单、最初步的社会关系，即初级社会关系。——译者注

影响，我们很容易便能判断谁是“酷小孩”，谁是受欢迎的“运动员”[①]，谁又是“书呆子”。

茱莉娅拥有“酷妞儿”这个绰号不无道理。她外向、自信，拥有坚定的信念，敢于坚持自己的立场。除此之外，她周末会喝啤酒，还和一个大她几届的人交往。至少在青春期孩子的眼里，她满足了“酷小孩”的大部分要求。

茱莉娅的班上还有三个女孩儿也特别酷，但没有茱莉娅酷。茱莉娅是她们的榜样，在学校里引领潮流和思想。于是，能和茱莉娅一起玩耍的人的地位自然而然地提升了。

珍妮弗和阿玛迪斯相识于 14 年前，他们已经结婚 11 年了，育有一儿一女，分别为 9 岁和 11 岁。珍妮弗自己创立了一家初创企业，企业创业至今已经有 4 年。初创企业可以说是最不稳定的经营形式，运营它并不容易；尽管在这一过程中不乏有趣和振奋人心的时刻，但在经济上，运营初创企业的确是一个不小的挑战。

好在大约一年前，公司的运营情况有所好转。珍妮弗和团队的产品终于上市了。接着销量上升，珍妮弗和团队收集

---

① 英语为 jock，指擅长体育、外向而自大、喜欢凭着自己体格强壮或人缘好而欺负别人的“运动员”。——译者注

有关早期出售的适配器的各类反馈，并在对适配器进行些许调整后推出了更新版本。几乎是产品每更新一次，销量就上涨一次。这种情况一直保持了三个月，三个月后，公司推出了一款“潜力股”产品。随后，公司终于迎来了媒体和投资者的青睐。

珍妮弗的丈夫阿玛迪斯本来一直很支持她的事业，不断给予她鼓励。但过去的这几个月里，好像有什么发生了变化，夫妻俩频繁吵架。阿玛迪斯心情低落，总是怨天尤人，之前一直给珍妮弗加油打气的那个阿玛迪斯仿佛突然消失了。

大卫、茱莉娅和珍妮弗的故事有什么共同点？他们的故事都与地位、权力和影响力有关。

大卫在自己的新座驾中更有成就感，旧车代表的地位无法与新车相提并论。让别人看到自己的新车带给大卫一种满足感，获得他人的尊重促使他的身体分泌血清素。这一现象在大卫开车回老家的路上，特别是在一群和他一起长大的人面前尤为明显。

茱莉娅在班上地位最高，同学们想要和她站在同一阵营，因为这样能提升自身的地位。我们也可以通过社交媒体做到这一点，结交艺术家等有影响力的人物能提升我们的曝光率。

现在企业愿意投资于 KOL[①]，正是因为他们有能力左右其他人的消费选择。

结识“对的人”并找到“对的位置”能为人们打开许多机遇之门。世界上那些最有权力的人大都通过关系网，通过结交社会地位高的“对的人”，获得已有的地位。这一现象甚至还发生在黑猩猩的世界中，黑猩猩体现权力的方式不只有大胆示威或扭打。一只黑猩猩或两只互为对手的黑猩猩还通常和其他团体结盟，以此获得权力。

珍妮弗的企业情况好转后，她和阿玛迪斯开始陷入频繁的争吵。珍妮弗的成功让阿玛迪斯感到沮丧，他似乎认为，相较于珍妮弗稍稍提升的地位，自己的地位下降了（其实并没有）。在珍妮弗眼里，他的地位和成就已经不如从前，至少他自己这样认为。

在人际关系中，两者的权力有可能会失衡。而如果双方地位平等，那么一切看起来便不会那么复杂。学者针对这一现象，总结出了社会交换理论（social exchange theory），即处于人际关系中的两者的资源互换。比如，历史上，女性外

---

① 即意见领袖，品牌通过他们向消费者传递个性化信息。——编者注

表的美丽总是与男性的财富和地位相匹配。[75]然而，各项研究结果和实证证据都显示，社会越公平，男女之间交换的所谓“资源”就越类似，即两性间的“资源”互换不一定是郎才配女貌。[76]

地位悬殊令人困扰。是否能成为家中的顶梁柱或至少半根顶梁柱，对我们而言意义重大。我们能为家庭做出贡献吗？我们能经济独立吗？我们是一味索取，还是懂得奉献？

为什么存在阶层

拥有地位是一件好事。人们能因此拥有更多的资源，享有更多的时间和自由，别人愿意听其讲话，而且或许更重要的意义是，人们感到自己被人喜欢，被人倚重。人们说的笑话能惹人发笑（即便并不好笑），人们受邀参加聚会，被尊重，被关注。

在现代社会，人们可以努力提升自己的社会地位。但在历史上，大部分人生来就被分成三六九等，各自拥有不同的社会支配权。早在人类出现在非洲的草原上时，就已经出现了领导者和追随者的区别，领导者自然更有发言权。自那时起，有些人心想事成，获得地位，而有些人则韬光养晦，等待时机；有些人勇于承担风险，有些人谨慎行事。

学者罗伯特·萨波斯基将阶层定义为：“将不平等获取有限资源这一事实具象化的等级体系。”[77] 此处的资源包括具象的事物（如食物）和抽象的概念（如声望）。当个体开始分析周围环境的各种社会信号，并想方设法地觅食，寻找安全的栖息地，选择更优秀的伴侣时，社会便开始分化。与社会地位越高的人合作，能获取的资源便越多，因此生存率也就越高。归根结底，追求更高的社会地位是为了提高生存和繁殖的概率。

社会阶层的意义源于两个因素。首先，每个人都清楚自己的位置，这使人类这一物种受益。其次，对自身地位有清醒的认识也使个体受益。

某些物种只有一个领导者，余下的都是追随者，追随者们拥有的优点和地位十分相似。有的物种拥有更细分的等级体系：领头者、二把手，接着是排第三、第四的成员，以此类推。如果你排第四，堵在你面前的人是第一还是第二便显得不那么重要——因为最后你还是需要和他们友好相处。如果你排第三，晚上你准备和一个人聊天，而地位最高的人突然介入，与这个人聊天，他打断了你的计划，这时你不会直接冲上去，不会坐在他们中间从中作梗。当然，也有可能酒过三巡后，你有这种勇气，但这仅仅是因为几杯豪饮暂时让你一鼓作气，以为自己能和最强者匹敌。

那么，再来看一看，除人类以外的其他物种如何划分阶层。

动物世界的阶层划分比人类社会更明显。例如，有两只狒狒同时发现树枝末端挂着一串鲜美的果子，并对此垂涎欲滴。两只狒狒都想要这串果子，那么谁能得到呢？当然是地位更高的那个。如果狒狒间没有形成阶层，没有形成稳定的权力结构，那么冲突难以避免。其中一只或两只狒狒都有可能受伤，甚至丧命。冲突和矛盾会消耗大量精力，而且对这两只狒狒和整个狒狒群体都有害处。

现在，试想一下，地位较低的狒狒突然脑子一热，忘记了自己的地位，或者这只狒狒已经有一段时间没有待在狒狒群里了，不了解另一只狒狒的地位，那你可能会问，接下来会发生什么？也许你认为两只狒狒应该会出现冲突、开始打架了，但其实不一定。在这种情况下，地位更高的那只狒狒可以通过标志性动作提醒对方，谁是更强大的一方，谁占主导地位。物种不同，展现权力和显示权力的方式也不同。

阶层利于生存，或许还可以救你的命

历史上，群居生活保护人类免受掠食者的侵害，但一到晚餐分食物的时间，事情就开始变得复杂，而阶层简化了这一复杂性。自然选择帮助人类进化，人类的大脑十分擅长在需要合作和存在等级的群体中生存。每个人都清楚自己的位置，每个人都知道什么时候可以为自己争取权益，什么时候应该后退一步。在历史上的某一时刻，得益于社会阶层，你的祖先才得以存活。

针对自己身处的一个社交场景，请尝试从社会阶层的角度，预想可能发生却没有发生的情况。思考一下，如果事件双方的社会地位发生变化，事情是否会有所不同。如果人们只需要在一个社会阶层中彼此竞争，事情会简单得多。但事实上，大多数人都存在于多个不同的等级体系中，这是人类所独有的特点。

你面临的情况可能是：在某个情境下，你所在的阶层是 X，在其他情境下，你所处的的阶层是 Y 和 Z。比如，可能你是公司足球队的教练，在公司足球队的地位很高；但回到家里或来到职场，你的地位可能排在末端。

我认识一个人，他成年后离开家搬到了瑞典。他告诉我，在他的家乡，他是一名医生，地位很高，收入不错。而在瑞典，他开着出租车，说话有口音，这加重了大家对他的刻板印象，让大家认为他没有什么本事。众所周知，对他人抱有刻板印象会影响我们对彼此的看法。而当他回到家乡时，他的亲戚都认为他很富有，期望他会在各个方面慷慨解囊，做出贡献。在他的家乡，他的社会阶层又与之前有所不同了。

那么，人们最青睐哪一种阶层体系呢？很显然，人们喜欢让自身地位更高的体系，毕竟排在前面的人会影响人们施展抱负、实施计划，他们总是第一个吃饭的人，总能在人们心仪的人心中拥有更大的分量。处于同一阶层体系相反的两端，会带给人们截然不同的感受。这也解释了，为什么在看完脸书上其他人更新的动态后，有些人会感觉很不是滋味：为什么别人过得这么好（毕竟，人们一般不会更新与争吵、离婚和失败等话题相关的动态）。

新世界，旧动机

自然选择使人类进化为受地位驱动、关心地位的生物。而其他物种，比如爬行动物，便不会对同类抱有“微妙的温暖”的感觉。爬行动物没有边缘系统（人类大脑神经系统的一部分，负责情感控制）。爬行动物的神经系统会对掠食者（威胁）产生警惕，但是无法感受到对同物种生物（潜在的同伴）产生的友情。边缘系统是产生陪伴之情等积极感受的必要组织。

但是，哺乳动物对不同的同伴产生的感受和情感并不相同，人们对不同的人也持有不同的看法和判断。

大多数哺乳动物都有皮质，皮质覆盖在人类大脑的外层，存在于所有脊椎动物的大脑。皮质会参与大脑中许多更复杂的功能的实现，比如与记忆、注意力、认知和语言相关的功能。大脑中的皮质能够抑制人类冲动，帮助人类做出更理智的行为。因此，人类能学会如何采取更有效的行动，而且能根据交流对象改变自身的行为。

一般可以认为，动物的身体在分泌神经化学物质后，会自发做出反应，并且动物不会过多抑制这种反应。像人类这样拥有大量皮质结构的生物则可以有更多行为，而不仅是出现机械化或自动化反应。尽管人类能更好地控制自身行为，但边缘系统总是在“幕后”影响人类的决定。

人类自诞生之日起便拥有了动机。在漫长的进化过程中，动机对人类很有帮助。但人类现在的日常生活与之前相比，早已发生了翻天覆地的变化，因此，人类需要学会如何在这个崭新的世界中管理这些古老的动机。

人类现在所处的世界究竟与祖先所处的世界有多大区别？首先，很久以前，人类的祖先可能过着游牧生活，一个群体有 50 ~ 150 人，简单地驻扎在一个又一个地方。而如今，大多数人生活在城市里，一生中的大部分时间都在同一个地方度过，可能甚至一辈子都没有离开过这个地方。

其次，人类的祖先一生中可能只会遇到几百人，最多几千人，而且遇到的大多数人都与自己很相似。但现在，我们一生中可能遇到来自世界各地的数百万人。

再次，人类的祖先的平均寿命在历史上大约只有 30 年，并且一半人活不过 10 岁。而现在，全球男性平均寿命为 70 岁，女性则为 75 岁。

最后，人类的祖先的首要任务就是保持低调、警觉，他们要随时观察周围是否存在生存威胁。但今天，这一人类特质甚至会引发一系列问题。现在，集中注意力已经成了人类最重要的能力之一。

类似的例子不胜枚举。人们的生活环境在短时间内发生了巨大的变化。诚然，从进化的角度来看，数百年或数千年在历史长河中可能只是眨眼般的一瞬间。这一现象造成的问题是，虽然生活环境得以进化，但人们自身依旧只能适应与今天完全不同的旧的生存环境。面对新环境，人们没有正确的应对方法，人们需要意识到这一情况给自身带来的诸多问题，包括与三大动机有关的问题。

追求优越的心理

在一个湿气逼人、狂风大作的 10 月的某个周五，我的朋友珀尔和我在斯德哥尔摩高登岛上历史悠久的乌拉·温布拉德饭店预订了一桌饭菜。我在上午 11：30 到达饭店时，发现珀尔已经坐在了预订的位置上，在他看到我之后，我走过去热情地与他打了个招呼并坐下。

不一会儿，我们聊到了车。我刚刚把我的车送去检修，车的总体性能还不错，但我的车很明显应该好好修理一下，于是我问珀尔能否向我建议一个完成这项“大工程”的好去处。在他直接回应我的问题之前，根据他的表情，我看出来他似乎想到了什么有趣的事情。之后，他开始和我说起了一家汽修店内发生的趣事（他租的办公室就在这家店的旁边）。

珀尔说："这家汽修店在利丁厄[1]富人区，时不时能看到高档车经过，但是保养豪车是很费钱的。"

在珀尔继续说下去之前，我好不容易插进一个语气词"哦……"并附上一个和他一样的表情。

他问："你肯定以为买得起豪车的人，应该也能付得起养车的钱，对吧？"

我回应道："当然，这似乎挺有道理。"

他反驳道："但事实通常刚好相反，他们还没还清车贷，而且一般不太将车的保养放在心上。"

接着，珀尔的肉丸到了，于是他加快了语速："是的，安吉拉，最疯狂的是，这些车主付不起保养车的费用。一些客户开进店里的车的轮胎被磨损得厉害，因为他们买不起新车胎。他们的车从远处看很不错，抛光做得好，闪闪发亮，但仅仅是买一辆车就已经耗尽了他们的财力，他们根本付不起养车的钱。那他们为什么还要这样做呢？呵，因为很多人都认为，如果邻居买了新车，那自己的车总不能比他们的差吧。"

---

① 位于斯德哥尔摩东北部。

向所有在场者炫耀地位

有时候，人们对彼此的影响之深已经称得上荒诞可笑了。最近我参加了我姐妹（玛丽安娜）的女儿的生日聚会。玛丽安娜的同事马格达莱纳以及她的三个孩子也在场。谁拥有的东西最多、最大、最闪耀、最与众不同？从前文的例子来看，她和我说起了最近她们刚刚参加过的一次生日聚会。

大多数孩子的生日聚会相对来说都比较简单，但是马格达莱纳的孩子们被邀请参加的聚会完全是另一种情况。这个生日聚会几乎要榨干父母的钱包，他们请来了一个小丑演员，更“锦上添花”地邀请了瑞典著名音乐人。孩子们当然都兴奋到失控了，一边要签名，一边在父母身旁大声道：“这是我参加过的最棒的生日聚会！”于是，生日聚会的标准就此立下了。今后所有的生日聚会都要与这次聚会比较，这次聚会就是新的基准。

不仅成年人之间要彼此比较，孩子之间也有自己的社会地位。他们会比较彼此的背包、橡皮擦或者他们那对在和其他父母较劲的父母，这些父母希望举办一场让参加的孩子们很长一段时间都无法忘记的盛大的生日宴会。他们这样做是否有其他目的？是的，也许他们想要在其他父母面前彰显自己的经济实力。

人们被感受驱使

成功生存不是天上掉下来的馅饼，要想生存，就必须通过恰当的行为不断付出努力。从出生后的第一次呼吸，到离世时的最后一口气，这期间你的大脑一直在不断地解决两个问题：“下一步我该做什么？现在要怎么做？”

在很多情况下，人们不太在乎昨天，更在意今天和明天。人们会问：接下来最应该做什么？

日常生活中，人们通过五官做出的表情理解信息。同时，人们的记忆和感官印象也会帮助人们消化信息，而这些记忆和感官印象往往以情感的形式体现。人们的感受帮助人们规划“采取什么措施才是最好的”。

本书探讨的三大动机与人们的情感息息相关，而情感与人们的神经化学机制有关。

在前文提到的盛大生日聚会中，一手操办聚会的父母也许会在一段时间内成就感满满，但是社会阶层和比较无处不在，因此他们似乎无法保持这种状态太久。比如，作家、职业运动员、农民等都有各自的社会阶层体系。无论你是否接受，只要在有人的地方，阶层就会出现，我们就会自动将自己与他人做比较：谁的衣服最贵？谁最擅长电梯游说[①]？谁的酒量最好？谁又是聚会上掰手腕比赛的冠军？

在社交媒体普及之前，人们不像现在一样能看到所有人的成就。那时，人们似乎更愿意奋斗，也更有可能赢得胜利，更能认识到自己的优秀品质，更能鼓励自己“天哪，我做到了”。而今天，人们仿佛在与整个世界竞争，这让人们感到沮丧，甚至有点绝望。比如，在浏览社交平台的好友动态后，“我”的社会地位似乎从原来的第 9 名顷刻跌至第 409 名了。

为什么地位能带来幸福感

意大利历史学家弗朗切斯科·圭恰迪尼（Francesco Guicciardini）曾说：“如果你在重要的企业工作，那么你应该尽量隐藏自己的失败，放大自己的成功。这样做的确有些自欺欺人，但是你在企业的命运更取决于他人对你的看法，而不是事实。因此，让别人感觉你各方面都不错，是一个明智的选择。”[78]

① 用极具吸引力的方式简明扼要地阐述自己的观点，是用来推介产品、公司或个人的一段简短总结。——译者注

我并非提倡大家效仿这一做法，但是，这确实是部分人的常态。

一般来说，人们能迅速判断并发现人与人之间的地位等级。但是有时候，人与人之间的权力结构不同，人们无法完全确定每个人各自的社会阶层，此时，情况开始变得复杂。

这背后的原因是什么？在很久以前便深藏于人类大脑的杏仁体以一种原始和冲动的方式应对刺激。而稍后完成发育的大脑皮质则同时以不同的方式，即通过有意识的控制应对刺激。判断他人的地位时，这两种脑部结构都发挥了重要作用。随着人类地位的细化和社交关系的复杂化，大脑皮质也在同步进化。基本上，要想明辨人类权力结构存在的各种细微差别，一个强大的大脑必不可少。所处情境和所涉群体不同，了解自身地位的意义也不同，而且，凭借自己的力量一路摸爬滚打到高处也并非易事。此时，人们要能够转换视角，以旁观者的姿态，站在他人的角度看待自己。人们要控制自己的冲动，管理自己的情感。

人们关注地位，这一点也体现在人们喜欢谈论的话题中，这些话题通常是在讨论他人的事，即八卦。这实质上是关于地位的交流：他失去了地位还是提升了地位？他是否拿到了遗产，或者他得到了什么东西？讨论八卦是很自然的现象，不需要为此感到羞愧。这是在理性思考后为保障自身利益所产生的行为。对自身地位有一个清醒的认识能帮助人们更好地摸索这个世界。

有关大脑的各项研究指出，人们对地位高的人的想法更感兴趣，认为地位显赫的人的观点更有分量。[79] 人们愿意与地位高的人成为朋友，因为和他们站在同一阵营能提升自身的地位。并且，人们也倾向于认同这类人的观点和想法。

多巴胺参与人体有关幸福感、激情、动力、聚焦力、运动技能和清醒状态等多种重要的调节过程。多巴胺是人类大脑完成激励机制的关键因素，也是提高人类生存概率的重要因素。若是没有这一典型的信号物质，人类便无法繁衍后代，也不会有觅食的动力。

在地位上升时，猕猴（猴类的一种，种类繁多，多见于亚洲）的身体会分泌多巴胺，这使其自身感到快乐。人类也是如此，地位上升后，人类的身体也会分泌多巴胺来激励自己。许多因素都能促使人体分泌多巴胺，比如考了好成绩，聚会上恰到好处的祝酒，上司夸奖了自己的工作表现，买了新车，或者成立了自己的企业。

为追求地位而失去理智

我认识一个已经成家立业的男人，他善良、有礼貌，经营着自己的公司。但不幸的是，他的公司运营状况不好。他工作很努力，也尽力及时付清成本费用，毕竟非法避税逃不过税务局的制裁，而且纳税也是每个公民的义务。这个男人发现自己总是晚一步。账单、税款、客户的问题总是令他应接不暇，他只能不断逼自己再努力一点。那么，你现在可能会想："他为什么不干脆放弃这家公司？如果他挣扎了八年之后，还是没有回本怎么办？"

这个问题提得很好，但是，暂且听我继续将故事说完。四个月前，他决定租下一个办公区，该办公区每月的租金不少，这加重了公司的成本，也给公司带来了更大的经济压力。但是，这也提高了他的地位，他内心有这种感受："看看我的办公区，多大，多奢华！"此时，他的身体分泌了更多的多巴胺。于是，虽然顶着不小的经济压力，但这个意料之外的小插曲却让这个男人心情愉悦，而且他的脑海中很有可能浮现出如下无意识的想法："我现在租了这个大办公区，这不仅仅是一个办公室，也是我的男人窝（man cave）[①]，我的朋友们看了这里都会眼前一亮，我也会更有地位。的确，我以后每个月都要花很多钱，但是我现在完全可以忽略这个担忧。”

人们的决定并不都是理智的，会受感受和动机的影响，人体的神经化学机制也会在其中发挥作用，这也正是该机制存在于人体的原因。但是，神经化学机制未能很好地与现代生活方式相适应，而且其背后的逻辑过于简单，无法帮助人们做出最佳决策。

为什么人们见不得别人成功

如果人们的邻居事业蒸蒸日上，或者认识的人比自己更受欢迎，人们便很容易产生不满情绪。对大多数人来说，他人的成功似乎在暗示自己没那么成功，至少相较于他人，自己称得上失败。这意味着在通往成功的阶梯上，人们被别人踹下了一阶，而此时，身体会分泌神经化学物质，让人们感到不适。

依我所见，仅仅是意识到自己的这一倾向，就已经是一

① 男性的个人空间，指不受女性干扰之处。——译者注

个小小的胜利，因为这让人们可以解释自己行为背后的原因。也许人们感觉自己被比下去了，也许人们对其他人感到嫉妒或怀恨在心。但不全是这样——也许其实人们为自己的朋友或邻居感到骄傲，因为他们在事业上取得了长足的进步与发展。

现在探讨关于结构性和规律性的内容，对成功的渴望是人类最基本的动机之一。这并不意味着所有人在任何情况下，都只会对他人的成功感到不满。思想家阿兰·德波顿（Alain de Botton）在其著作《身份的焦虑》（*Status Anxiety*）中写道，经济衰退、失业、退休、晋升、与同事聊天等通常会让人们产生一种身份焦虑感。人们对此感到焦虑是因为，在那时，人们发现自己的地位实在太低，或者认为自己的地位会被压得更低。

人们的自我认识在很大程度上取决于别人的看法。一般来说，人们会依赖外界的尊重与欣赏，人类似乎天生就对自我的价值抱有不确定性。这也解释了为什么他人的认同和关注会对自我认知产生如此具有决定性的作用。人们的部分自我认知掌控在其他人的手中，人们的自尊心和自我形象就好像一个正在泄气的气球，需要其他人的爱才能一直保持鼓起来的状态。人们对其他人的批评很敏感，能敏锐地察觉自己是否被忽视、被看轻了。而与之相反的是，比如，当别人记住我们的名字、生日，或者别人与我们一样喜欢莳萝[①]味的薯片时，我们也会轻易地察觉到自己的快乐。

每个人生来便与众不同，做自己已经很了不起了。但随着年龄的增长，人们的表现与他人对其产生的兴趣之间出现了越来越紧密的关联——他人对人们的兴趣度影响着人们在学校和足球场上的表现。如果说追求地位并非易事，那么一辈子维持自身的地位更是难上加难。要维持自己的高地位，必须不断奋斗。

与他人比较还会导致另一个现象：影响人们决定接收哪类信息、无视哪类信息。人们都更愿意看到他人的表现不如自己。

曾经有一项研究让参与者浏览其他参与者的测试结果，当然，他人的测试结果中有优于自己的，也有不如自己的，参与者从两者中选择。结果可能会令你大吃一惊，参与者无视优于自己的测试结果，反而花更多的时间浏览不如自己的

① 在中国又称土茴香，形状与茴香相似。

测试结果。他们似乎是这样想的:“虽然我拿了 C，但其实和拿了 D 的人比起来，我也没那么差。”[80]

那么，该如何管理这种感受呢?

首先，请意识到这就是人的本性，人们容易眼红别人的成就。仅需意识到这一点就足以让人感到轻松一些（毕竟见不得别人好是一种自发产生的情绪，任何人都无法抑制）。人们还可以利用这一情绪推动自己进步，暗示自己:“天哪，大家都这么有干劲，这么了不起，我也应该加把劲了。”当然，这取决于你追求的目标是什么，比如你的职业规划是什么。还有一个应对的方法是，学会这样思考:“有这样充满抱负又成功的邻居，我应该感到幸运，他们让整个街区都变得更好了——看，那就是我的邻居，就在那儿！”如此一来，这位邻居的成就感和幸福感就能感染身边每一个与他相处的人。

但归根结底，大多数人要解决的问题应该是如何正确看待自我的价值。对自己感到满意的人不会轻易被他人的成功所影响，不会过度不适。同时，也要意识到，别人也有可能因为你取得的成就而失落，记住这一点应该会对你有所帮助。

地位高低与焦虑感的关系

有研究报告显示，地位低的人比地位高的人更容易焦虑。地位高的人认为自己更有掌控力。但是，正如其他很多事情一样，这是一个鸡生蛋或蛋生鸡的问题。是高地位让一个人拥有泰然自若的性格，还是处事冷静的风格让这个人处于高位[81]？站在最高处真的会让人们感到无人能敌吗？跌落到最低处真的会让人们感到生不如死吗？

事实上，地位不高不低的状态会让人们感觉最有压力。压力最大的人一般都是地位不上不下的中级管理层。他们一边不得不遵守高级管理层自上而下的命令，一边又要负责说服下属执行下达的命令。中级领导层责任重大，但是掌控权很少。这种两面夹击的压力可能会诱发压力型疾病，损害人们的身体。

曾经有一项探讨健康与地位的关系的研究，研究结果显示，地位较高的人的压力和焦虑水平更低。当然，得出这一结论的前提是，处于高位的人的员工都能听从他的指挥，并且这个人的权力也足够大[82]。但是，如果只是有义务亲自管理数量众多的员工，结果便不太乐观。

换言之，如果要将权力的积极作用最大化，那么就不要亲自去管理他人。相反，职场如战场，人们应该尝试成为一名游刃有余、全知全能的将领，坐拥兵马，能发号施令，也完全不用担心被烦琐的人际沟通所困。

但是，这样的情况在现实中存在吗？

有些人为了地位不顾一切

研究发现，有些人具有社会支配性倾向，这一倾向与人对权力和声望的关注程度有关。通常，你很清楚周围谁的社会支配性倾向高，而如果你并不关心权力和地位，那么你可能经常被这类人烦扰。当然，有些人确实十分擅长自身所处的领域，一旦人们在某一领域十分出彩，其就通常会拥有高地位和高收入。这一切似乎十分合情合理。

再来讨论那些过分渴望权力、渴望到令人生厌的人。通常，一个人越渴求权力，就越不可能与生活得不太如意的人产生交集。这一现象甚至可以从各类研究对人类大脑的观察中总结得出。当人们遇见某个令人心情沉痛的人时，大脑的两部分区域会被激活。此时，人们会对令人心情沉痛的人抱有同理心，同时对导致其痛苦情绪的人或事产生厌恶。而社会支配性倾向越高，这两部分区域就越难被激活。换言之，总体来说，人们越关心权力和地位，便越无法关心他人。

之前我读到过一篇题为“你地位太低，不值得我们关注”[83]的科研文章，这篇文章让我不禁想起一个朋友的朋友，很明显，他十分渴求权力。他会和同样迷恋地位的人打交道或尝试与他们打交道。如果在他眼里你算不上什么“人物”，那么他就不会浪费时间和你相处。但如果他发现有利可图的情况，他就会突然出现，并积极参与。

他让我想到了另一个值得思考的方面：人们的性格决定人们对地位的看法。同样，性格决定人们是否倾向于宣泄自己的沮丧情绪，并且宣泄对象是刚好出现的、无辜可怜的受害者。相信你清楚地知道，你身边谁是欣喜地看到水剩了半杯的乐观派，谁又是哀叹水空了半杯的消极派。同理，有些人位居第二、错失榜首会特别沮丧；而有些人面对同样的情况却会这样想："看呀，至少我不是第九名！"

每个人的性格不尽相同，性格会影响地位与健康之间的关系本质。试想一下，你的上司艾米莉亚在公司的等级体系中排第 × 位，属于公司地位较低的中级管理层。以下因素可能会危害艾米莉亚的健康：

- 对新的发展动态过分敏感；
- 在日常事务中会发现实际上问题不大的潜在的威胁因素；
- 没有把握机会发挥自身的掌控力；
- 无法区分好消息和坏消息；
- 缺乏发泄沮丧情绪的社交渠道。

以上因素都属于风险因素，这些风险因素越多，就越让人们难受。但是，以下情况则有益于艾米莉亚的健康：

- 拥有几段不错的人际关系；
- 有一个职级比她低的人可以让她发泄消极情绪（虽然不应该这样做）。

你是他人的出气包吗

针对敌对行为，犯罪学家注重于区分冲动暴力事件和预谋暴力事件。人类学家则关注不同组织的敌对程度——战争、部落纷争、谋杀。也有其他的解读视角将敌对行为分为挑衅行为和自发性攻击行为。这包括情绪激烈的攻击性行为、冷血无情的敌对行为。

还有一种敌对行为“不是针对某个人”。这类敌对行为针对某个出气对象，而这仅仅是因为他比较弱小，或者只是因为他在发泄者最沮丧、压力最大时刚好在场。一旦成为这类可怜的出气包，人们便很有可能被迫承受劈头盖脸的怒气。

实验表明，被电击的大鼠很有可能撕咬其他经过它的地位更低的大鼠。排行第二的狒狒要是打架输给了排行第一的狒狒，有可能追赶并攻击地位更低的狒狒，被攻击的狒狒随后也会攻击比它地位更低的狒狒。

除此之外，更令人感到悲哀的是，某些研究证明，在瑞典，失业率的上升可能会导致家暴事件变多。经济不景气也会导致同样的问题，女性和孩子深受其害。同样，如果人们支持的球队在比赛中落败，其伴侣惨遭暴力的概率会增加

10%（在球队胜出或预测球队失败的情况下，此类暴力事件的数量并未增加）[84]。

压力或沮丧情绪会催化这种波及第三方的敌对行为。不幸的是，这种现象随处可见，并以不同的形式存在于许多物种之中。而最令人无奈的是，虽然这类敌对行为的目的不应被提倡，但实际上，这类行为降低了发泄者的应激激素。向无辜之人宣泄沮丧情绪能让发泄者更舒服。针对大鼠的研究表明，一只大鼠咬完另一只大鼠后，它的压力水平也有所下降[85]。

压力使人自私，让人采取更本能的行为

压力也会让人们变得自私。在一项让参与者应对不同情境的研究中发现，压力水平的高低与他们的行为是否自私有关：参与者所处的情境越紧张，他们的行为便越自私。

多项研究表明，压力大会降低人和动物的同理心。与此同时，也有许多人在压力达到峰值时仍旧会展现出优秀且值得敬佩的品质。

研究员 P. J. 亨利（P. J. Henry）曾发表文章称，社会地位较低的人有更严重的暴力倾向[86]，他用低地位补偿理论

（low-status compensation theory）解释这一现象。根据低地位补偿理论，相较于社会地位较高的人，社会地位较低的人更有可能出于“自我保护”的心理采取行动。已经身居高位的人没有必要苦苦争夺地位，他们反而更满足于现状，愿意停下脚步；而认为自己社会地位较低的人更容易感受到威胁，他们试图维持仅剩的地位，维系他们在自己心中残留的社会价值。

另外，社会地位较低的群体也对他人的拒绝更敏感，并且他们在很大程度上会观察自己在所处的环境中是否有被人拒绝的迹象。面对他人的侮辱和威胁，这类群体会做出更迅速、更暴力的回应。

面对刺激时，人类的大脑皮质能有效地抑制人们自发、本能的言行；皮质能帮助人们约束自己的行为，并且让人们学会考虑行为可能造成的后果；皮质还会影响人们的同理心、适应变化的能力，以及根据自身经验和长期目标处理信息的能力。但如果皮质已经“精疲力竭”，那么人们本能的、有时候甚至是恶意的倾向便无法得到抑制。失去自控的意志力所带来的影响会波及身边的人。请回想一下，最近身边曾发过脾气、感到沮丧、压力巨大，或者曾遭遇过危机的人们有什么样的行为。

面对压力时，人体会分泌应激激素皮质醇。感到失望、孤单或血糖偏低等因素，都有可能导致皮质醇的分泌。相信大家应该都遇到过“又饿又生气”的人吧？一般来说，饥饿让人们的行为更小气，也更有攻击性。[87]

当人们需要高度集中注意力于某一件事时，皮质也会对此产生影响。许多研究表明，处理需要高认知水平的任务时，皮质会让人们的行为更有敌意，削弱人们的同理心。[88]同时，人们也会变得更加吝啬、更不诚实。高智商任务会降低人体的血糖水平，因为大脑需要消耗人体 20% 的能量。

如何维持权力

在获得一定地位之后，人们最起码想要紧紧抓牢地位吧？那么，人们该如何维持自身的权力呢？在巩固权力的路上，是社交能力更重要，还是其他手段更有用？

有意思的是，维持权力所需要的技能恰巧不是当初带领人们获得地位的技能。想巩固地位，需要智慧，需要学会抑制冲动，需要学会区分什么挑衅行为可以忽略，而什么滋事行为需要解决。人们需要探索其他人的行为，并发现其行为背后的动机。而且，人们还需要判断应该和哪类人站在同一阵营。

因此，一方面，要想获得权力少不了各种较量，如适时出击并敢于放手一搏。而另一方面，巩固地位需要社交能力。如果你想要给别人留下自己颇有地位的印象，那么请记住，真正位高权重的人是沉着冷静、泰然自若的人，是“任尔东西南北风，我自岿然不动”的人。

地位与家庭

大多数人时不时会做做白日梦。也许这个梦关乎所爱之人，或与度假、中彩票、聚会等有趣的事情有关。纵使白日梦再千奇百怪，主题却总是万变不离其宗：关乎成功。在白日梦里，人们有所成就，并达成目标。畅想未来令人感到如此愉悦，以至于人们宁愿沉浸于白日梦，也不愿努力奋斗，尝试在现实生活中实现这个白日梦。

人们的白日梦与成功和地位有关。比如在晚餐的餐桌前，当人们被问起“你以什么为生”时，有时用特定的职业作答似乎更容易。许多人愿意选择一些社会地位较高的工作，即便他们本人并不认为这份工作多么有趣；或者从事地位不高但收入很可观的工作，因为这样，他们可以通过消费彰显自己的地位。

诺贝尔经济学奖得主约翰·海萨尼（John Harsanyi）曾说，除去经济利益，社会地位也许是人类行为最重要的驱动因素。在文化中的地位越悬殊，人们就越执着于追求地位。认知神经科学专家迈克尔·加扎尼加（Michael Gazzaniga）坚称，人们早晨起床时，大部分思绪都与地位以及与周围人相比自己处于什么位置有关[89]。

金钱能带来幸福吗

想象一下，你掏出手机，打开社交媒体软件，首先映入眼帘的是你的老校友安德里亚，她发了一张在艳阳高照下的沙滩上的自拍照。你的邻居也发了一张一杯绿色沙冰的照片，文案是她准备去健身房。

在社交媒体上，人们总是能看到他人春风得意的幸福生活。通过社交媒体，许多人能够很容易地感受到自己被他人所喜爱，感受到他人的认可，即便自己在社交媒体上的“人设”是经过加工的。

对地位和名声的过分追逐会让人们分不清轻重缓急，还会过度刺激人们对物质的需求。若不及时制止，终有一天，满足物质需求会成为人生的全部。

财富一般是衡量成功的标准之一。但是，金钱真的能买来幸福吗？答案是肯定的，也是否定的。研究表明，拥有大量财富的确能让人们更幸福，但前提是，积累财富能帮助人们摆脱贫困，生活得更好。实现这一目标后，财富的增量对幸福感没有影响[90]。

美国的多项研究显示，一方面，年收入约 5 万美元的美国人比年收入约 1 万美元的美国人更幸福；另一方面，年收入约 500 万美元的人并没有比年收入约 10 万美元的人快乐得多。贫穷国家的人的幸福感比稍富裕国家的人低得多。而相较之下，稍富裕国家与极度富裕国家之间的幸福水平的差距并不是特别大[91]。

在经济学领域，这一现象被称为边际效用递减法则（the law of diminishing marginal utility），我们可以将其重新解读为：一开始，不得不忍受饥寒会令人感到痛苦，但是当经济水平得到提升，人们摆脱了贫困的枷锁后，再多的钱也只是摆设，也只是一卷卷纸，金钱已经无法大幅度提升人们的生活质量。

因此，达到一定程度后，金钱便无法再影响人们的幸福感。但问题在于，即便已经过上了富足的生活，人们却还是无法停下前进的脚步。富裕国家的人们仍然心甘情愿地不断挑战自己的极限。他们住很好的房子，吃很好的食物，有能力支持孩子课余活动的费用，有经济实力让全家出游，一起去饭店吃饭。生活已经如此富裕，他们却仍然选择没日没夜地工作，甚至因此忽视了家庭和个人健康。有些人甚至会透支信用卡，买超出自己能力范围的东西。

如果挥霍无度只是为了向世界彰显自己的地位，那么如此追逐地位便是在伤害自己。

能否抑制追求地位的动机

人们追求地位的动机十分强烈，它体现在方方面面，比如积累财富，获取知识，或成为公司垒球队的本垒打王。

人们渴求地位的原因之一是，让人们感觉良好的神经化学物质能发挥的作用是短暂的，这些物质最终都会被吸收，因此，人们需要付出更多的努力才能找回当初的愉悦。在寻求满足感时，人们总是在追逐下一件能让自己感到快乐的事情。只可惜，这一行为也会导致人们采取不利于生存的行为。

令人无奈的是，最有效益的事情并不总是会给人们带来幸福感。如果你还不是一些社交平台的用户，你可以尝试注册一个账户。熟悉一切操作后，你很快便会发现自己频繁地数点赞数和粉丝数；经常看新动态，心不在焉。你想要清空收件箱，以此获得一种满足感，但要想做到这一点，你就不得不常坐下来查看自己的邮箱。可能你的本意是提高生产效率，但最后却变得本末倒置。

理想状态下，人们应该只把时间投入于对自己真正有益的事情上，比如设定明确的（人生）目标，并为之努力。如此一来，人们才能在有限的时间内专注于对自己而言真正重要的事情。当你为自己的成就而担忧，或因为缺乏成就而焦虑时，请学会后退一步，试着观察全局。这样一来，你便能避开陷阱，不去追逐那些对你而言并不必要的事情。

爱德华·杨（Edward Young）于 1742 年创作了诗集《夜思录》（*Night Thoughts*），他以细腻且略带伤感的笔调讲述了人类行为对自身的破坏性。诗中，叙事者坐在长满苔藓的墓碑上，思考影响以往那些名人志士的命运。

> 天下所有的智者、贵族、当权者、国王、征服者都屈服于死亡。
>
> 缘何要历尽艰辛，却为一瞬的成功？

即使我们拥有万贯家财，名声如日中天，又当如何？

尘世上最高的地位都以此结束“他长眠于此”：

“尘归尘、土归土”最终为她辉煌的歌曲画上一个句号。

——节选自阿兰·德波顿《身份的焦虑》一书（2004）

高地位是否使人刻薄

“富裕的人总是缺乏同理心，也更以自我为中心”，这一看法是错误的刻板印象吗？还是有一定道理的呢？

加利福尼亚大学伯克利分校心理学家达切尔·凯尔特纳（Dacher Keltner）曾研究地位或财富与同理心或善良之间的关系。在纵观不同社会经济阶层中的个体时，我们可以总结出一个规律：一个人越富有，其对需要帮助的人抱有的同理心便越少。而且，相当一部分富裕的人在行事时缺乏同情心，也很难理解其他人的情感。在实验场景中，他们呈现出更重的贪婪之心，而且只要有机会，他们更有可能通过撒谎或偷窃达成目的[92]。

在凯尔特纳的研究中，有两项发现尤其值得注意。一项发现是，富裕的人为人行道的行人停车让道的可能性更低。

而另一项发现与房间里的糖果碗实验有关，该实验观察人们对糖果的反应。参与者可以从碗里取走糖果，而剩下的糖果会全部被分发给一群孩子。换言之，参与者拿走的糖果越多，留给孩子的糖果便越少。参与者也可以一颗糖都不拿，把糖果全部留给孩子。结果显示，越富裕的人，从房间中拿走的糖果越多[93]。

进而，我们可以问自己这样一个值得深思的问题：是差劲、贪婪、无情的人恰好成了富人（因为他们吝啬），还是财富会让人们变得刻薄？

为了探讨这一问题，凯尔特纳开展了一个有趣的实验。他让参与者比较彼此的社会经济地位，并且要么与比自己地位低的人比，要么与比自己地位高出一大截的人比。你猜猜实验的结果如何？

这一心理实验结果显示，富人和穷人的一个区别在于，当人们认为自己在经济上很富有时，留给孩子的糖果较少。换言之，有些人越认为自己富有，越刻薄。

另一个区别在于，一些富人认为贪婪是正面的欲望，认为社会存在差异理所应当，认为自己的成功全靠个人努力。这样的思维方式让他们更容易产生这样的想法：“你穷你有罪。”所以，他们更倾向于忽视他人的困境。

也许我们永远也无法确定，到底是欲望和对地位的追逐带来了财富和地位，还是财富和地位使人们变得更加刻薄。

地位与友谊

研究显示，只需要不到 150 毫秒的时间，人们便能确定站在身前的人是男性还是女性。同样，只需大约相同的时间，人们便能区分谁的脸看起来比较盛气凌人。还有研究显示，只需要 40 毫秒，人们便能发现谁是领导者。

第一印象

第一印象总是能决定人际关系的未来走向，即使人们只能从与他人的第一次接触中了解一星半点的信息。也许人们只是看过对方的一张照片，读过对方发来的一封邮件，或者在一次简短的会面中通过相互介绍了解过彼此。即便掌握的信息十分有限，人们也还是会以极快的速度判断他人的性格，虽然这一现象或多或少会在无意识的状态下出现。

人们对彼此的评价指标离不开两个重要的性格特质。事实上，研究显示，在人们从他人身上解读出的所有人格特质中，82% 的特质都属于两大类：友好程度和能力大小。

人们在判断他人是否有亲和力时，主要关注“他是善良的还是刻薄的”，并且基于判断，人们会选择接近还是回避这个人。这样的思维模式和行事方式帮助人类生存至今。得益于这一模式和方式，人类的祖先们遇到危险时才有逃离的意识。

以上现象对人们的影响体现在方方面面。例如，人们更容易记起给自己留下不可靠印象的脸，而非可靠印象的脸。心理实验显示，相较于与能力相关的词汇（如技能和技巧等），人们更容易认出与亲和力或友好相关的词语，比如愉悦、善良和舒心。其原因在于：对我们而言，了解一个人是否亲和、友好，比了解这个人是否知识渊博更有意义，毕竟人们的生存与对方是敌是友有直接的关系。

和其他对人们而言很重要的因素一样，社会认知（social perception，即人们对彼此的认知和印象）从进化的角度反映了对人们来说重要的事物。在这方面，人们最关心他人的友好程度，因为相较于他人是否有能力实现其意图，他人意图的好坏对个人生存的影响更具决定性。因此，即使人们几乎能够同时判断他人是否善良与是否有实力，也还是会首先判断前者。他人的友好程度比能力大小更重要。

评价他人的能力时，人们一般会思考："对方的能力、实力如何？对方有多突出？"因为自信而出众的人总是能引领其他人：他们的言行举止都透露着自信，不管本人实际上是否意识到自己正在做什么，他们都会保持自信。正如本书前言所述，能迅速比较他人优势并做出判断的人更容易生存下来。

不论在哪种文化中，社会支配权高的人看起来似乎都有一个共同点：能进行直接的眼神交流，做出自在坦率的行为，比如双手搭在脑后。而谦逊的人则会回避目光，不敢与他人直接进行眼神交流。有时，人们也会通过肢体语言彰显自己的社会地位或表明自身的社会地位不高。当感到不自信，或仅仅发现自己表现得很恭顺时，人们常常会耷拉着脑袋或身体，像是想让自己隐身一般。

人们也会从他人身上解读出对方的吸引力，这一现象早已存在，[94]甚至在人们还未意识到时，这个现象便会自然而然地出现。无论是哪种文化，都会认为有吸引力的人更聪明、更善良，也更诚实。

有趣的是，人类关于审美和道德的判断在大脑的同一区域进行，在判断其中一项时，该区域的被激活程度也决定了判断另一项时该区域的活跃程度。换言之，在判断心灵美和外在美时，大脑处理的是同样的任务。因此，人们在潜意识里得出了结论：外表有魅力的人也是善良的人。

几年前我做过一项“仅根据瑞典政治家的照片，人们会对该政治家产生何种看法”的实验。我分别让住在瑞典的瑞典人（告诉他们这些政治家代表的政治理念）和侨民（并未告诉他们政治家的政治理念）浏览这些照片，他们能接收的唯一信息就是照片。实验发现，参与者认为有些政治家的面相看起来更有能力，有些政治家看起来更有亲和力，而有些政治家的脸更让人有想为其投票的冲动。这是因为，参与者认为这些政治家的面孔体现了身为政治家应该具备的重要素质。

一项研究显示，参与者会为在 68% 的时间内看起来更有能力的人投票。[95] 其中，外表的魅力也是一个“重要”的让人认为其有能力的（身体）因素。人们倾向于为有魅力的人投票。一般来说，人们认为更具吸引力的人性格更好，道德水平更高，更善良、诚实，也更值得信赖。有时候，外貌条件优越的人能得到更好的待遇，更容易找到工作，收入会更高，而且在作为犯罪嫌疑人时，他们被定罪的可能性也更小。而如果一个长得好看的人确实被定罪了，那么其所受的刑罚也更有可能被减轻。这一刻板印象被称为“颜值即正义”（beauty-is-good）。

换言之，在很大程度上，人们基于外在判断内在。即便到达顶峰，或至少在自己的领域内走得足够远（请回顾历史上在世界范围内都称得上卓越的企业家和领导者的经历），人们可能也依旧需要借助某些较表层的因素来获得更多权力。比如，穿着正式（比如制服）会比穿着随意更有权威感。黑色比其他颜色更让人有威严感。衣着风格是否体现个人的威信，取决于具体情况或特定领域的专业知识。

重要的是，要用正确的方式脱颖而出。如果你的确比其他人知识更渊博，能力更胜一筹，那么你看起来与众不同也很正常。能够在人群中准确地找到领导者可以帮助人们更轻松地应对许多事情，虽然要做到这一点需要足够的敏感度。

只需要不到 40 毫秒的时间，人们便能区分他人的地位高低。试想一下，一个人在台上演讲，但是演讲者本人很明显地让人感觉他十分不自在，这会让听众也感到尴尬。实际上，即便是幼小如婴儿，也能察觉地位的差异。

当人们尝试探索身边的人的地位时，大脑中负责逻辑思维的皮质便会被激活。此处的“地位”是指人们与其他人之间稳定而长期的地位关系（有必要区分长期存在的权力和暂时的权力）。但如果人们与其他人的权力关系似乎并不稳定，那么此时大脑的杏仁体（大脑中更为原始且负责情绪控制的部分）也会被激活。一般来说，如果不清楚自己是否能与他人建立良好的地位关系，人们会感到十分沮丧。

本书阐述的人类动机恰好解释了为什么人们希望给他人留下不错的第一印象。如果想要好好生存下去，就需要给人留下好印象，这样才有可能融入群体。人类是社交动物，因此人们绝不可能完全无视他人的意见。他人对我们的印象曾事关生死存亡。

结盟：权力对交友的影响

当受到特别优待，比如有人询问我们意见时，我们通常会感到愉悦。有人倾听我们的声音或者我们的意见有机会被采纳，是一个令我们感到享受的过程。正因为如此，当人们感觉被他人支配、无法发声时，身体会分泌抑制幸福感的神经化学物质，人们便不那么快乐了。因此，人们会想要尝试找回当初的愉悦。

前文已经提到了重拾这种愉悦感的一种方法，即尝试与有权势的人站在同一阵营。想做到这一点，可以采用多种不同的方法。比如，通过社交媒体，人们可以增加曝光率，让位高权重的人和有趣的公众人物、演员等能看见自己。仅需在合适的场合认识正确的人，便能为人们开启许多扇机遇之门。许多成功人士正是通过与地位高的人建立友好关系，提升自己的知名度。这一现象在黑猩猩群体中也有所体现。在黑猩猩群体中，包括敌对的两头黑猩猩在内，所有黑猩猩都会通过与其他黑猩猩结盟的方式一步一步爬向高位。

如果一定要将地位与成功画等号，那么处理好和有权势的人之间的关系似乎并无害处。当然，这取决于你的人生追求是什么。如果你的目标是在某方面提升自我，那么请结识在该方面比你优秀的人。身边的人的影响力极大，人们应当认识优秀、积极的人，比如习惯良好、生活观念积极、职业道德水平高以及意志力顽强的人；还有值得信赖、待人忠诚、鼓舞人心、富有激情以及懂得感恩的人。相反，也应当尽量远离消极人群——那些有不良习惯、态度消极、有受害者心理，并且一出现问题就责怪别人的人。学会区分两者并结交良师益友，便能让人们在追求地位的道路上事半功倍。

爱情中的地位不平等

有的时候，人们与伴侣十分亲密；而有的时候，人们会渐渐地彼此疏远，最终，如果结局完满，又会破镜重圆，如此循环往复。一段长期的关系总是处于不断变化的动态过程中，如果人们能够适应这一点，并且认识到伴侣的需求以及他们传递的信号，那么这段关系便能取得较好的进展。我认为，尊重彼此、为彼此考虑并且满足彼此的需求是发展一段良性关系的必要因素。接下来，我将与你一起探讨，如果人们不及时抑制消极倾向，人们与伴侣的关系是否会出现什么更严重的问题。以下内容关乎人们与伴侣的关系及权力动态。

爱情是一场交易

人们在人生中要面临许多重大的抉择，其中之一便是决定与谁共度一生。当然，人们选择与谁坠入爱河受许多不同因素的影响，而地位便是其中之一。地位会影响人们选择与谁展开一段关系，也会影响处于恋爱关系中的人们。

在瑞典，人们对社会地位的重视是如此的根深蒂固，以至于人们似乎很自然地认为，选择医生或律师这类职业地位较高的人作为伴侣要胜过选择职业地位较低的人。而且，一旦发现有两个地位不匹配的人开启了一段关系，便会有不少人感到惊讶不解。

在爱情里，双方都可以贡献不同的资源。人类历史长河中的大部分时期，女性的美总是与男性的社会地位相匹配。[96]幸好社会越平等，这一所谓的“资源互换”便越对等，女性的美和男性的地位也不再是首要的对等条件。学者将这一现象称为社会交换理论，该理论认为，资源和权力的关系呈正相关。

学界有一个被称为最小利益原则（principle of least interest）的概念。[97]该理论认为，就特定有价值的资源而言，甲对乙拥有的权力体现了乙对甲的依赖程度。[98]换言之，权力是相对的，因为资源越多，权力越大，并且与此同时，依赖度就会降低。如果将这一理论运用在两个伴侣身上，那么这便意味着，若一方权力越大，即对另一方的依赖越少，那么权力大的这一方就越有可能选择结束这段关系。

地位不平等令人困扰

伴侣之间的关系好比一个微型社会，关系中的彼此会相互比较。研究表明，人们十分在意自己是不是挣钱养家的那一方（或至少做出了一半贡献），也就是在意自己是贡献者还是依赖者。

研究表明，一段关系中的双方在某种程度上需要同样的参与度，在感情中毫无参与感是损害关系持久度最棘手的风险因素之一。[99]

一对伴侣的收入相同，并不等同于两人对这段感情的投入一致，虽然收入不对等的确对关系有负面影响。康涅狄格大学社会系教授克里斯汀·蒙施（Christin Munsch）曾研究过收入与出轨的关系。[100] 伴侣之间的地位存在差异是否会导致他们对彼此不忠？蒙施甚至还提出了这样一个问题：如果我们的收入高于或低于伴侣，出轨的概率是不是更高？

蒙施这一项于 2015 年进行的研究表明，经济独立的男性和女性都更有可能对伴侣不忠，但男性比女性的出轨概率更高。此处需要强调一点，人们（在瑞典也是如此）仍然持有根深蒂固的性别成见，它体现在地位、权力以及养家的责任应由哪一方承担等方面。

研究人员假设，在经济上需要依赖伴侣的男性会通过出轨疏远伴侣，也许甚至还要借此“惩罚”（听起来确实很疯狂）比自己更成功的另一方，因为他们认为自己失去了“男子气概”（这称得上一种世俗的刻板印象）。此时，拥有阳刚之气和多位性伴侣成为他们体现男子气概的一种夸张、讽刺的方式。这一现象的罪魁祸首是，这些男性认为自己无法实现世俗对男性楷模根深蒂固且古旧的文化认同（令人无奈的是，这又再一次证明了世俗中的刻板印象会造成极其消极的影响）。

曾经有一项在瑞典进行的实验要求参与者填写与性别认知有关的调查问卷，研究人员旨在从参与者的回答中，了解参与者的自我性别认知受世俗刻板印象的影响程度（与另一项实验的参与者对比）。而该研究的微妙之处在于，参与者无法接收与自身实际性别特点相关的正确反馈，他们分别会接收与自己多么有女性气质或多么有男子气概相关的随机信息。结果发现，一方面，如果男性接收的信息更多地将其向女性具有的特征靠拢，那么这类男性会突然开始支持战争，对买跑车感兴趣，并且突然对地位高的阶层展现出同理心。换言之，他们开始展现与传统男子气概有关系的态度和行为。而另一方面，女性的态度并不会被对其女性特质的威胁影响。不幸的是，人们对与男子气概有关的态度和行为的划分范围要比女性特质的更为狭窄。或许正因为如此，撼动女性特质显得更加困难。[101]

因此，不论男女，如果一方在经济上需要依赖伴侣，那么这一方对伴侣不忠的概率就会上升。当然，这只是导致出轨行为的风险因素之一。公平理论①（Equity Theory）是社会交换理论的衍生理论，这一理论认为，对伴侣不忠的原因还包括由感情中的关系不平等而引起的双方的焦虑，一方认为“得到的太少”，而另一方则感觉“得到的太多”。[102] 不平等令人困扰，也会增加出轨的概率。

上述研究显示，如果女性的收入高于丈夫，那么女性本身也会感到困扰，她的焦虑感也会因此上升，甚至更容易患失眠症。[103] 除此之外，这些女性会出现“偏差中和”行为，

① 又称社会比较理论。——编者注

即有意识地尝试弱化自己的成就。她们会强化丈夫的贡献与男性特质，以此更多地表达对丈夫的顺从，并且会把更多精力花在做家务上，同时，也会对感情更加忠诚。

对此，我只评价一点：我们何其有幸生活在这样一个经历了巨大变化的时代……

蒙施尝试做出如下假设：也许从本质上来说，只有特定类型的男性容易被伴侣收入高于自己的事实所影响。但是，最终她没有发现可以支撑这一假设的证据，反而发现伴侣间的相对收入与出轨有十分明显的相关性。其原因可能是，因这类原因出轨的男性更有可能和在经济上依赖他们的女性走到一起。也许性别认知较为传统的男性更有可能对伴侣不忠，而且很努力地想要成为那个承担养家责任的角色？他们甚至会有意识地找收入不如自己，又需要依赖他们的女性作为伴侣，因为这类女性的自主权更少。

总而言之，根据社会交换理论，如果感情中一方的收入相对伴侣而言越高，那么这一方出轨的可能性则越大。而根据公平理论，通常收入少的那一方却更有可能对伴侣不忠。出现这种矛盾是因为，被给予的太多，或付出的太多都会让人们感到焦虑，而此时，出轨是为了修复感情双方，让双方权力得到平衡、关系变得对等所出现的行为。

与此同时，我们也要记住，在感情中，双方不仅比较经济实力，还比较许多其他方面。选择走到一起的两个人本应朝着同一个目标相互扶持。可现实中，人们与伴侣一不小心就会陷入对各种问题的争执：谁是最好的爸爸或妈妈，谁最经常接送孩子上下学，谁的工作最好，谁在朋友中的人缘最好，等等。但请注意，这并不是说人们不应该和伴侣有任何的讨论或冲突。借用心理学家埃丝特·佩瑞尔（Esther Perel）的一句话："讨论与冲突的重点不是结束关系，而是补救关系。"讨论的重点不在于矛盾本身，而在于如何化解矛盾。那么，该如何重归于好呢？

佩雷尔认为，一段感情经历会包含三个阶段的循环：和谐、不和谐、和解，或者结合、不结合、重新结合，即感情中的双方偶尔会渐行渐远，而最终又会找回彼此。重要的是能否重新与伴侣走到一起，而不是如何与伴侣争吵或产生分歧。有趣的是，冲突是一种"能量制衡"，即一方越生气，另一方就越不得不心平气和，这种能量制衡实则是一种权力平衡。

同时请记住，伴侣会塑造我们的思想和言行。在不同的感情关系中，我们会变成不一样的人。可能你已经意识到了，你在一段新的感情中变得十分健谈，而在上一段关系中，你从来没有察觉到这一点，这是因为现任和前任是不一样的人。新的关系赋予了我们新的角色和全新的相处模式，我们是处于发展状态当中的人，在不同的情感经历中也会有不同的表现。

最后，我们可以从积极的角度总结本章内容。所幸，相较于传统观念，男女扮演的角色已经开始有所变化。研究表明，30 岁以下的人群中，80% 的女性和 70% 的男性都愿意与伴侣建立平等的关系，双方分担抚养孩子、做家务以及养家的责任。[104] 这得益于人们需要扮演更多元化的角色，承担更多的责任，对性别认知也有了更为广阔的展望，为男性和女性的竞争提供了更大的施展空间。同时，人们也拥有了更多的自由，可以自由地做自己，成为自己想要成为的人，而不需要有意无意地抑制自己的冲动。在感情中对自己的角色定位感到越发满足时，人们也就更有可能拥有一段双方彼此尊重的真挚感情。

动机二小结

渴望权力和地位及相互比较，是所有人共有的动机，这在人们身处的每一个群体中都有所体现。纵观人类历史，地位帮助人类生存，因为获得地位能让人类获取资源：食物、更好的休憩场所以及一切人类所处环境中的有用之物。地位越高，生存概率便越高，也越有机会找到更多的伴侣。

人们能够十分迅速地觉察其他人的权力，而很多人本身也希望尽可能地向他人展现自己的权力，因为这有助于人们更好地生活。而如果地位不高，大脑便会敲响警钟，因为地位较低会降低生存概率。

地位意义重大。经过自然选择，人类进化成在意地位的物种。神经化学机制也促使人们关心自身地位，当一切顺利，自身能发挥更多的影响力时，神经化学机制会释放让人产生积极情绪的神经化学物质；反之，如果诸事不顺，或者其他人的境况远远优于自己，神经化学物质会让人们出现负面情绪。

然而，人们需要注意避免因过度追求地位而产生的负面影响。我们应该利用这一基本的人类动机鼓励自我和他人，使每个人都感到愉悦。就这一点，我接下来提出几点具体的建议，帮助你思考并采取相关行动。

自我观察。关注在不同情况下，神经化学物质如何影响自身情绪的起伏。我认为这一点是最值得记住的建议。人们需要意识到，感觉地位上升会让人高兴，而感觉地位下降则会让人沮丧。人们需要学会接受这一事实，仅仅是意识到现实便足以让我们更加心平气和。

换个角度看问题。卢梭曾说，拥有物质财富不是幸福的全部，得到自身渴望的人或物才是幸福。幸福的定义不是绝对的，人们应当把追求自身目标视作幸福。不论实际的经济水平如何，每当自身的经济实力不足以支撑人们的购物欲望时，人们都会感觉自己是拮据的；而每当人们对自己所拥有的事物感到满足时，人们又都会感觉自己是富有的。有两种让人们感觉自己富有的方法：一是给予钱财，二是缩小目标范围。活跃在19世纪的艺术评论家、诗人及作家约翰·罗斯金（John Ruskin）将富有定义为各个方面的富足：拥有大量藏书和邮票是富有，能笑口常开是富有，谦逊有礼、富有智慧、敏感、细腻或广结朋友等也是富有。世界上最富有的人也许是仰望星空时能感受到最多震撼的人，是有闲情逸致观赏星空的人，是能够沉浸在当下的人，又或者是可以自由规划什么时候工作的人。

做一个理智的消费者。要意识到大多数时候你购买某些产品和服务其实只是为了彰显地位，而你可能完全没有意识到这一点。请反思一下，你希望通过自己拥有的物品、出游的计划等向外界传递什么信号。理智消费还需三思而后行，多思考你购买某个想要的东西是不是明智的想法。

坚守原则。一些人会把他人踩在脚下，从而一步一步提升地位，这样做能让他们在比较中获得满足感。但是，请你坚守自己的原则，避免在人际关系中出现这样的行为倾向。

不要被社交媒体所累。在社交媒体上，其他人的生活看起来似乎总是光鲜亮丽，不论他们的现实生活是怎样的。如果他人在社交媒体上展示的生活动态让你感到有压力，那么你大可避开社交媒体，或者规定自己使用社交媒体的时间和时长，并持之以恒地按规定使用社交媒体。

用心经营爱情。人们会自动与他人比较，因此也难免将自己和伴侣进行对比。这样很容易引发严重的后果，在最糟糕的情况下还会导致恶性竞争和冲突，并且也不利于感情的良性发展。一段好的感情需要双方的相互支持与鼓励，并且人们应该帮助所爱之人获得成功，努力让他们感到幸福。

在正确的事情上展开竞争。既然人们似乎无法避免彼此比较的倾向，那人们为何不在有意义的、能改善所有人生活的方面进行比较？举例来说，在气候变化方面，人们要比较谁的生活方式更绿色环保。于是人们竭尽全力展示自己的绿色生活方式并尽力赢得胜利，而这样做最终导致的结果是，任何一件事都有可能演变为一场博弈、竞争。为何不运用自己的才智开展良性竞争，并以此改善全人类的生活质量？

小心职场竞争。职场中的互相比较与对地位的追逐在所难免。虽然职场上激烈的竞争能带来一定的积极作用，但是这样的环境也有可能在许多方面阻碍合作。这会让人与人之间出现恶性竞争，产生分歧，无法达成一致目标。很明显，这不利于职场的合作与发展。

被成功人士鼓舞。结识比自身优秀、让你敬佩的人。

但这一做法的负面影响是，可能会让你感觉自己不如别人，然而优秀的人还是值得结交的。在这一过程中，你会有所启发，也会变得更具影响力，最终这会鞭策你不断发展自我。

每天迈出一小步。人们可以通过许多不同的方式追求幸福和地位。请把你的大目标细分成小目标，并且小目标也要设置得具有一定的挑战性，每天都朝着目标一步一个脚印地奋斗，这能帮助你不断向目标更进一步。

庆祝小小的胜利。达成大目标所带来的快乐不会持续太久，而且，难得的成功时刻总是会飞逝而去，以至于人们从中很难体会到太多的满足感。对此，人们需要学会发现日常生活中发展得更顺利的方面，体会其带来的快乐，比如“嘿！我做到了”享受这一瞬间，给自己打打气，允许自己为此感到满足。让多巴胺来得更猛烈些吧！

享受地位带来的快乐。人们的社会地位处于不断变化的状态，在与他人比较时，可能上一刻还感觉自己低人一等，下一刻便有可能发现自己占据主导地位。请尝试享受这些瞬间带来的好处，不要过度关注某些瞬间导致的沮丧情绪。当你处于主导地位时，请享受被他人尊重的感觉，享受这种自在，但请避免通过贬低他人强调自己优异的能力。如果你能对身边的人产生（微妙）影响，那么你大可以为此感到高兴；如果身边的人模仿你，那么请带着善意，对他人产生积极的影响并且树立正面的榜样。

改掉不良习惯。人们之前可能养成了某些习惯性的行为，比如过度追求地位导致了严重后果等。这些行为已经在人们的大脑中“搭建了”某种通道，我们可以称这种通道为神经通路（neurological pathways）。这也解释了为什么“江山易改，本性难移”，人们要花很长的时间才能改掉坏习惯。但是，如果你能改掉之前的坏习惯并形成新习惯，那么几周或几个月之后，你便有望在大脑中形成新的神经通路。所以，请坚持培养你的新习惯，即便新习惯的养成并非水到渠成、一蹴而就。

花时间思考自己看重的事情。花时间思考一下：对你而言，什么是真正重要的事情？你什么时候感到最幸福？请找到答案，然后尽可能地在生活中把时间和精力投入到能让自己快乐的事情中。诚然，要求你完全不追求地位是强人所难，但至少确保你在自己看重的方面有所追求。请把时间花在你真正享受的事情上，并且让自己在这一过程中感到快乐和满足。此外，请避免陷入追求地位的误区：切勿因为其他人有某种行为，或拥有某样东西，便跟风追求从长远来看毫无意义且不是你所需要的地位。

动机㈢

对新知识的探索

好奇心

欢迎阅读本书第三个也是最后一个动机！这一动机促使人们获取知识，不断收集新的信息，获得新的感想。17 世纪哲学家托马斯·霍布斯（Thomas Hobbes）将好奇心比作“大脑的欲望”。人类对知识的渴望与探索无穷无尽——越尝试满足求知欲，人们越会渴望知识。

霍布斯认为，人们有了解“为什么”的需求，并且满足好奇心是一个激励自我的过程。[105] 满足好奇心的过程能够激活大脑的激励中心，使这一脑部区域分泌多巴胺。从这一角度而言，满足求知欲带给人们的愉悦感不亚于美酒佳肴、一夜春宵。爱因斯坦也曾在自传中谈及求知欲：“我没有特殊的天赋，有的只是旺盛的求知欲。”

从进化的角度来看，人们拥有求知欲不仅不奇怪，还对人们大有好处。求知欲能帮助人类更好地生存。知识让人类了解世界，认识到世间万物如何共存，发生的变化对自身有何影响，以及如何管理所处的环境（例如，如何生火，如何理解天气的变化，或者如何更好地狩猎），正是因为掌握了这些知识，人类才得以生存至今。

然而，人们渴望的不仅是新的信息，人类大脑也希望从新的环境和事件中发现新意。此时，人体对未知的一切，包括新的地点、物件和面孔等做出反应，分泌多巴胺。多巴胺的释放会激励人类祖先不断寻求新的可能性，在食物与其他珍贵资源时常短缺的远古时期，这是一个十分重要的激励因素。

对他人抱有好奇心在推动社会结构发展和人类繁衍方面也发挥了关键作用。卡萨诺瓦（Casanova）曾说：“爱情的四分之三都由好奇心组成。”

好奇心的不同种类

那么，人类在日常生活中对什么最为好奇呢？

让人类感到好奇的人和事有很多。比如，有些人对导致人类行为的原因很感兴趣；有些人则想要了解自己处于青春期的孩子；还有些人可能对体育界、室内设计、酒、政治、高尔夫等领域比较好奇。人类有探索新领域、获得新感悟的动机，因为这能减少我们内心深处的不确定性以及对知识匮乏的担忧。毕竟，减少未知带来的恐惧，自如地应对不确定性并解答疑惑，不都是很美妙的事情吗？

好奇心分为许多种类型。比如，认知性好奇心（epistemic curiosity）是指人们对新知识的渴求。知觉性好奇心（perceptual curiosity）与追求惊奇感、新鲜感，或解答疑惑有关。此外，还有特定性好奇心（specific curiosity），即寻求特定的信息。比如完成填字游戏，记住上周看的电影的名字，而且特定性好奇心也会驱使研究人员努力解答长期困扰自己的谜题。

还有一种好奇心被称为一般性好奇心（general curiosity），从本质上来讲，这类好奇心让人们更加求变，促使人们不断尝试新的体验，获得新的感悟，并不断寻求刺激，从而摆脱无聊。在当今社会，正是这类好奇心导致人们不断查看邮件并对社交媒体中他人的动态充满兴趣。值得注意的是，让人们按捺不住的一般性好奇心还能催生特定性好奇心。实际上，一般性好奇心使得人们“渴望如真空吸尘器般收集新的信息”，它会催生一系列新的兴趣点，进而又会激起各种类型的好奇心。

丹尼尔·伯莱因（Daniel Berlyne）正是研究好奇心类型的心理学家。好奇心的分类还未被完全概括，除上述类型外，还包括同理性好奇心（empathetic curiosity）以及猎奇好奇心（morbid curiosity），后者会让一些人在经过事故现场时放慢脚步观察现场，比如聚集在犯罪现场或火灾现场。[106]

好奇心的负面影响

当然，对新知识抱有好奇心，想要获得新的感想，这对人类大有裨益——知识能救命，能促进个体和整个人类物种的发展。但是，好奇心又会引发什么问题呢?

被誉为“美国最杰出科幻作家”的厄休拉·勒古恩（Ursula Le Guin）曾说:“你点燃一根蜡烛时，也投下了一层阴影”。这句话适用于大多数事物，大部分事情都优劣共存，具有两面性。

接下来，我将着重探讨人类的求知欲造成的负面影响。在一个世纪以前，人们的好奇心和求知欲可能并不会造成多大问题。但是，在当今的技术时代，好奇心和求知欲却给人们带来了一系列全新的挑战。

在生活和工作中，每当人们在电脑或手机上打开一个新的页面时，大脑都会分泌多巴胺，于是人们受到了激励，并继续点击页面，一页又一页，在不同的软件间流连。只可惜，研究表明，人们在浏览五分之一的网站时，只停留不到 4 秒，而人们只在 4% 的页面上浏览超过了 10 分钟。在网上冲浪时，人们大脑的激励中心被激活，而史前时代智人在发现新的环境和资源时，他们的大脑也会出现同样的激活过程。[107]

相信你已经深刻意识到，人类并没有完全适应现代的生活环境。人们如今的日常生活节奏比人类历史上任何时候都快，这使人们越来越难以在快节奏的生活中游刃有余，注意力越来越难以集中，睡眠质量下降，和现实世界中的人的接触越来越少，而且越来越缺少同理心。

然而，还是有些观点认为，大多数人都有的行为不能被称为"成瘾"，但成瘾问题就是成瘾问题，和上瘾人数并无关系。成瘾这一现象有既定的定义。1918 年，西班牙流感夺走了 7500 万人的生命，彼时，大家一致认为很有必要诊断流感，人们十分关注这场流感的起因。

大脑研究员安德斯·汉森（Anders Hansen）在其著作《屏幕大脑》（*Screen Brain*）中写道，寻求激励的行为和寻找信息的行为十分相似，有时候甚至难以区分。[108] 不确定性使人体的多巴胺激增，不确定能否获得奖励的未知性会刺激身体分泌更多的多巴胺："对方是否回复了我的消息？有人评论我的社交媒体动态吗？我刚上传的视频收到点赞了吗？"

当不确定是否能满足自身需求时，身体会分泌多巴胺，因而多巴胺帮助人类祖先完成了许多事情，比如扩大狩猎范围。但是在现代社会，手机刺激了寻求"可能性"的受体，而且听到手机短信提示音比实际浏览短信更能刺激多巴胺水平大幅上升。有重要信息出现的可能性足以诱惑人们拿起手机，告诉自己"我就是看看消息"，这是人们的常态。

你可能会认为，随着时间流逝，人们总有一天能更好地抑制这种冲动，也许还可以提高自身的专注力。但事与愿违，人们还未能做到抵抗干扰，避免分心，相反，大量的干扰削弱了人们的抗干扰能力，人们变得对干扰更敏感了。而且，这一现象似乎难以缓解。现在，产品设计师们比以往任何时候都精明，他们深谙如何通过设计（比如精确到让人们按哪个按钮）迫使人们使用其产品，这一现象一次又一次地出现，并渐渐在生活中随处可见。

接下来，让我们一起针对屏幕上瘾（screen addiction），探讨好奇心和求知欲会对人们造成什么负面影响，以及该如何应对。

渴望更多的信息的代价

研究员亚当·格萨雷（Adam Gazzaley）在其著作《专注》（*The Distracted Mind*）中提到，所有人都被分心所困扰。[109] 使用科技和电子产品对人的身心健康有诸多负面影响。比如人们的认知能力（人们的思维）、学习研究能力及工作表现都会受到影响。过度使用电子产品会破坏人际关系，还会让人们的日常生活愈发危险。长时间使用手机不利于儿童的社会心理发展，手机辐射甚至还会损害他们小小的身体。[110]

儿童使用电子产品的频率使他们的健康在四个不同层面受到影响：生理健康、心理健康、行为模式及专注力。

早在 2009 年，山姆·安德森（Sam Anderson）便在其刊登于《纽约客》（*The New Yorker*）杂志的文章中写道："想补救电子产品带来的危害，为时已晚。”是时候问问自己：数字化到底造成了什么影响？[111]

分心——当代最大的挑战之一

8 月的一个傍晚，我在南泰利耶[①]刚刚和朋友见过面。正当我准备回家时，天空下起了雨。我手上有一本日历和一部手机，我把这两样东西揣进夹克，弓着身冲向就停在几米之外的车，至此，我的记忆便消失了。接着，我发现自己直直地撞向了一根金属的门禁升降杆，我的额头嗡嗡作响，之后我晕倒了，失去了意识。简要概述这个故事就是：我最终住进了卡罗林斯卡医院的 ICU 重症监护室，很快又转到了丹德尔医院的脑损伤康复科，接下来我在此待了几个月。导致这次意外的罪魁祸首之一是：暂时性注意力缺失。仅仅一两秒的疏忽便导致我的颅骨骨折，出现了一对动脉瘤，这种伤害对我这颗可怜的小脑袋而言实在太沉重了。

如果你搜索有关“一边走路一边玩手机”或“用手机发消息时掉进商场喷泉”的视频，你会发现许多称得上搞笑的

① 位于斯德哥尔摩南边的城市。

视频。人们因为电子产品而引发了各种各样尴尬的后果。其中有一个视频，内容是女孩凯茜·克鲁兹·马雷罗（Cathy Cruz Marrero）在穿过商场时正在用手机发消息，她完全没有察觉自己周围的环境，于是一头栽进了商场喷泉。[112]

这一视频的浏览量高达几百万，凯茜在美国一时名声大噪。她虽然掉进了喷泉，但是似乎没有受到很大伤害，很快便爬了起来（而且她看起来十分震惊和尴尬）。

实际上，事发当时，凯茜在处理多项任务，即一边走路，一边使用手机。这种多任务处理方式在很大程度上概括了当今人们搜索信息的特点：当我们忙着做某件事情时，我们还会同时用手机或平板搜索新的信息。

以身涉险

数据显示，一心多用存在风险。刊登于《科学美国人》（*Scientific American*）杂志的一项研究从100家美国医院收集数据，统计了在用手机发消息时因为撞上静止物品而受伤的人数。

统计发现，2004年，有559个人因为在使用手机时撞上静止物品而受伤。2010年，这一数字升至1500个人。在一篇与该研究相关的文章中，作者预计这一数字在2010年至2015年间会翻一番。[113] 在另一项研究中，科里·巴施（Corey Basch）和他的几位同事观察了3700名行人如何经过曼哈顿最危险的人行道。研究发现，在交通灯变绿时，有整整30%的行人正专注于自己的手机；甚至，有四分之一的行人在闯红灯时竟然仍盯着手机。[114] 进一步的研究表明，过马路看手机这一现象绝不仅仅是纽约的特色，一般而言，人行道上有大约30%的行人都没有关注当下所处的环境，而是把注意力集中在其他地方。[115]

除此之外，有观察性研究发现，如果人们在过人行道时忙着使用手机，那么这类人的行为变得鲁莽的可能性，是过马路时不使用手机的行人的四倍。例如，他们会在红绿灯还没有变绿时就开始过马路，直接插入人行道，等等。[116] 在一项实验性研究中，参与者需要在一个虚拟环境中穿过一条马路，并在同一时刻打电话、听音乐或发消息，结果显示，过马路时同时发消息或听音乐的参与者被车撞的可能性更大。[117]

研究还发现，在使用手机的同时，即便没有涉及任何交通因素，仅仅改变走路的方式也会增加出现意外的风险。[118] 出现这一系列现象的原因是，人们过马路时所需要的认知水平（人们需要看路）与人们那时的注意力（那时人们的注意力刚好集中于发消息和听音乐）产生了冲突。[119]

此外，研究还发现使用手机会威胁人身安全。过马路时使用手机会对孩子造成更严重的后果。在城市道路中，如果孩子们一边使用手机一边过马路，那么其被车撞到的可能性高于成年人。[120]

你是否注意行车安全

一边使用手机一边走路有时确实会造成不可挽回的后果，特别是当人们开车时，这时惯性会比行走时大得多。如此一来，开车会让问题越发严重。

即便你可以做到开车时不发消息也不回邮件，但是你、你的孩子、你的父母以及你的伴侣也可能会很不幸地遇到不太遵守交通规则的司机。我发现这个想法令人后怕。每当开车载着孩子们时，我的内心深处总是忍不住去想："现在可能有个人正在一边使用手机一边开车，而我可能就要在这条路上和他相遇，这令人感到后怕。"

犹他大学（The University of Utah）的教授戴维·斯特雷耶（David Strayer）是研究技术与驾驶融合的专家。他曾经对比了酒驾司机和行车过程中使用手机的司机，发现相对而言，这两类司机出现交通事故的概率更大。[121] 斯特雷耶认为，使用手机会诱发许多交通事故风险因素：无法控制方向盘，偶尔不看路面状况（这的确算一个风险因素），或总体而言我们的注意力并未放在重要的事项上。

研究表明，使用手机车载模式时出现车祸的概率并不低于一边用手拿着手机一边开车。此外，只是和车上的乘客闲聊似乎并不会对司机的注意力产生任何负面影响，这是因为，司机与乘客的对话在某种程度上并没有让司机分心且不关注路面情况。[122] 实际上，在研究了司机与乘客的对话内容后发现，乘客总是会不忘提醒司机和行车安全有关的问题：何时该开出高速公路，何时在下一个路口转左或转右，等等。而且，当路况较为复杂，需要司机全神贯注于路面时，乘客一般不会开口打扰司机。从本质上来说，乘客此时变成了司机的另一双眼睛，可以帮助司机更好地观察路况。

然而，手机肯定无法提供这样的帮助。

信息对睡眠的影响

如果夫妻或情侣间有一个人一晚上都辗转反侧，难以入眠，那么总会有一个人不太高兴。失眠会影响关系。那么，科技如何干扰睡眠？

夺走睡眠的行为

睡眠不足一般会伴随成瘾行为。在当今时代，不论场合是否合适，人们都会拿出手机无休止地在小屏幕上浏览社交媒体动态或者看视频。但不幸的是，不论人们本身多么享受这个过程，大脑从一开始就不是为了这些目的而发育的，因此这种行为也就会造成问题。

睡眠对人类而言至关重要。请试着对比整晚安睡的愉悦和只睡了三个小时的痛苦。夜晚，当人体处于睡眠状态时，大脑会进行突触重塑（synaptic rejuvenation）① 以及自我清洁。此外，人体还会经历记忆巩固（memory consolidation）的过程，此时，无关紧要的神经元连接会被清除，而重要的连接会得到增强。在睡眠过程中，大脑会排出白天在经过神经处理后，大脑内残留的有害化学物质、废物以及附带物质。如果睡眠不足，人体就无法实现应有的功能，人们的身心健康也会出现问题。[123]

曾几何时，在数百万年的时间里，人类的生活中只有白天才有光亮。但即使在衍变之后，烛光或火光也不会对人们造成太多问题，因为它们是红黄色的，这种颜色的光会提醒人们的大脑，该入睡了。而与之完全相反的是，电子产品所辐射的蓝光则标志着黎明的出现，它提醒人们该起床了！

这一点恰恰体现了人们在入睡前使用手机这一情况，在这种情况下，身体开始“倒时差”。睡前使用电子产品是在向身体发送信号：在准备入睡之前，新的一天马上就要开始了。如此也就不难理解，为什么入睡前一小时使用电子产品会导致入睡困难，并且会减少睡眠时间，降低睡眠质量。[124] 而相

① 突触重塑有助于学习和记忆。——译者注

较之下，看电视造成的影响实际上没有这么严重，因为一般来说，电视机和人们的距离比电子产品更远。尽管如此，研究表明，多达 90% 的美国人每周至少有几晚在入睡前一小时，都会使用电子产品。[125] 瑞典人的情况也差不多。

睡眠对成年人很重要，对儿童和青少年尤为重要，后者需要至少九小时的睡眠时间。然而，美国国家科学基金会（National Science Foundation，NSF）的数据显示，只有 10% 的青少年在周一到周五的晚上睡眠时间达到九小时。[126]

我时不时会辅导女儿们的表姐阿纳斯塔西娅（Anastasija）做家庭作业。她今年读九年级，在学校用 iPad。和学校里的大多数孩子一样，她也有自己的手机。一提到现在的青少年，我总能联想到他们出现的各式各样的新“症状”，比如在虚拟世界出现的错失恐惧症（Fear of Missing out，FOMO①）；无手机恐惧症（nomophobia），即害怕手机没信号等；还有震动幻听综合征（phantom pocket vibration），即感觉裤子的口袋在震动，以为是手机响了，想要把手机掏出来——结果发现手机根本不在身上！

① 因为患得患失而持续焦虑，有这种症状的人总会感到别人在自己不在时经历了非常有意义的事情。——译者注

一项针对教师的研究显示，87% 参与调查的教师认为“使用现代技术使年轻一代十分容易分心，并且使注意力的持续时间变短”，而且 64% 的教师认为，数字媒体让学生更容易分心，而非在学业上对他们有所帮助。[127] 还有一项研究调查了 18 ~ 69 岁的 391 名学生的电子产品使用习惯与其睡眠习惯的关系。结果显示，19% 的学生在入睡前会把手机调成静音并放在一边；39% 的学生把手机调成震动模式并放在身边；还有 42% 的学生会开启提示音，然后放在身边。

哈佛医学院曾有一项研究显示，阅读电子书的人要比读纸质书的人晚十分钟入睡，阅读电子书会导致褪黑素延迟分泌一个半小时。褪黑素帮助人们入睡，因此褪黑素水平过低会导致我们比正常情况下入睡得晚得多。而且总体而言，阅读电子书的人们所分泌的褪黑素水平比较低（比一般人低 55%），快速眼动睡眠期（rapid eye movement sleep）① 也比读纸质书的人们短 12 分钟；而且，他们在第二天醒来时更容易感到昏沉乏力。[128] 而如果人们在入睡前听有声读物，便不会被屏幕蓝光所影响，因为人们并没有看屏幕。

① 在此睡眠阶段中，眼球会快速移动，同时身体肌肉放松。——译者注

以上研究的对象大多是儿童、青少年以及成年的大学生。众所周知，儿童和青少年的大脑对外界的影响和潜在破坏性更敏感。人的大脑在成年之后才能完成全面的发育。大脑的发育从脑部后方开始；前额（皮质）发育得最晚。大脑前额皮质参与人们的决策过程、规划，以及问题的解决，并且帮助我们抑制冲动，考虑自身行为的后果。那么，使用电子产品对成年人的职业又有什么影响呢？一项调查雇主和雇员的研究显示，晚上九点后还使用手机的人，在第二天上班时的认知能力会受损，这类员工无法很好地完成上级分配的任务，而且需要一定的意志力才能达到自控、自律的目的。[129]

信息焦虑与亲密关系

在绝大多数有记载的人类历史中，人们生在何处，便在何处度过一生。那时的人们一般会子承父业，大部分时间和与自己做着相同事情的人相处。如果家里开了工厂，那么后代也会经营这家工厂；如果父母是裁缝，那么孩子可能最后也会以裁缝为业。这样的历史背景使人们很难闯出自己的一番天地，那时，人生的很多事情都是注定的。

但之后，出现了三次革命：农业革命、工业革命和技术革命。现在，人们拥有了更多的个人自由，拥有许多选择，需要做出许多决定。人们需要面对的某些事情，是祖先们一生都不必考虑的问题。

如果是这样，那么我们应该可以认为，人类有史以来第一次生活在一个可以自己把握幸福的年代，对吗？

耐心的“麻袋”

在信息爆炸的时代，人们正被铺天盖地的信息狂轰滥炸。人们很难不接收信息，毕竟这是人们强烈的动机之一。有两个因素会影响人们对信息的选择：一是无聊，二是焦虑。

可以这样形容大部分人寻求信息的过程：首先，发现自己处于信息量平稳期并开始感到无聊。然后，开始想要到达下一个信息平稳期。最后，达到了下一信息平稳期，便又开始感到无聊，整个过程循环往复。这个过程会带来许多负面影响，其中之一便是人们会渴望获取更多的信息，这是一种多任务处理行为，会导致人们变得突然从一个话题跳到下一个话题。

那么，选择停在某个信息平稳期而不是继续寻找下一个平稳期，会带来什么影响呢？一般来说，这会让人们产生无聊和焦虑的情绪。但是，人们如何看待信息量平稳期所带来的好处也会对自身造成影响。在某种程度上，这一现象会让人们在潜意识里认识到：要想更有效、持久地获取重要信息，就需要做出取舍。

现代社会面临的问题是，这种无聊感来得比以前更快。有一项研究调查了大学生在不同的电子产品（比如手机和电脑）屏幕间来回切换的频率。结果显示，参与者花在一个屏幕上的平均时间是65秒[130]，而更值得关注的是，在50%的情况下，参与者在仅仅19秒过后就会切换到下一个屏幕。

我的母亲把自己的耐心比作一个“麻袋”，这个比喻特别适用于她在面对我的两个女儿时，我认为她的形容很妙。母亲对编织、钩编和十字绣颇感兴趣，而且她热爱手工品的基因也遗传给了我的女儿。尤其是我的大女儿，她可以在沙发上坐一整天，手指在一块精致的十字绣织物上飞舞。小女儿今年十岁，她已经耐心到可以坐下来，只是为了和自己的手工品待一会儿。

试想一下，如果一分钟内要切换五次屏幕，那么似乎顷刻间，“麻袋”底部的耐心就会所剩无几。

预判驱使着我们

多巴胺能带给人们一阵突然的快感，比如当人们完成某件事并得到奖励时，人们会感到快乐。这种现象可能出现在赛跑中，在你终于看到终点线时，正是多巴胺的分泌让你产生“我做到了”的感觉。想象一下，一只猴子看到了一串水果，并且发现自己离得足够近，可以跃上树梢，把鲜嫩欲滴的果子摘下来。此时此地，这只猴子的身体就在分泌多巴胺。

多巴胺就像最后的强心剂，它让人们实现目标，取得来之不易的成果，将球踢进球门。

早在20世纪30年代，就有一群研究人员发现，如果只是在大鼠推操纵杆时偶尔给它们投喂食物，而不是每推一次就给一次食物，那么它们推杆的频率会高得多。而且只需在大鼠推杆的30%～70%的时间内投放食物，便会让大鼠的推杆积极性达到峰值，这一点同样适用于人类。而如果奖励刚好比预期大，那么人体就会分泌更多的多巴胺。

想象下面的两个场景。在一种情况下，你需要完成一项任务，比如按一个按钮，而且每完成一次，你便能得到一个奖励。而在另一种情况中，你做的是同样的事情，只不过你不确定自己是否会得到奖励，奖励只会时不时地发放。第二种场景对你而言应该更有趣、更刺激，这是在训练你如何面对不连续的奖励。

换言之，当人们对新的体验有所期待时，身体便会分泌多巴胺。并且如果某件事只是有发生的可能性，而不是一定会发生，那么这件事可能是人们无法抗拒的。这也是为什么，尝到的第一口甜品似乎让人感觉“此品只应天上有”，但逐渐你会发现，这也只是“不过尔尔”。科学家把这个现象称为习惯化（habituation）。

多巴胺最重要的作用是保持人们的积极性。当结果不确定时，人们正需要保持积极性。完成有利于生存的事情以后，人们会得到激励，比如拥有性生活、进食、保持运动等，以上活动能提升人类的生存概率。身体分泌多巴胺后，神经细胞的多巴胺受体分子会被刺激，人们会感到快乐。人们乐于一次又一次地享受这种情绪。甚至完成一项十分艰巨的任务也会让身体分泌多巴胺。

只可惜，多巴胺的分泌也有其负面影响，有时候，多巴胺带来的愉悦感，从长期来看可能是有害的。比如带来成瘾，让人们过量摄入酒精等成瘾物质。同样地，对电子产品的依赖会刺激身体分泌大量多巴胺，这种现象也会出现在对垃圾食品成瘾的人群中。这些成瘾行为对健康没有帮助，但的确可以刺激身体分泌多巴胺!

对爱情的迷恋也与多巴胺有关，痴情与其他形式的爱的区别就在于多巴胺。当对另一个人刚产生好感时，人们会享受到十分巨大的激励。但随着时间流逝，这种迷恋感会逐渐消失殆尽。在这个过程中，这段恋爱关系似乎可能随时出现某些变数，这很有可能意味着，此时多巴胺已经干涸了。换言之，你得到了爱情，赢得了胜利，所以你对爱情的期待消失了。人体只有在追求目标时才会分泌多巴胺，而不是在已经越过终点线时。

放下手机，焦虑来袭

有许多研究对比了轻度、中度以及重度手机用户的手机使用情况，这样做的目的是研究焦虑与手机使用频率的关系。曾有一项研究调查了拿着手机坐下来是否会比不拿手机更让人焦虑。[131]166 名大学生参与了该项调查，研究人员要求他们进入学术报告厅，其中有一半学生需要关闭手机，并把手机放在椅子下（和其他个人物品放在一起），之后他们只需要静静地坐着，不需要再做任何事情。另外一半学生同样需要坐下来，但唯一的区别在于——他们需要把手机上交给学习督导，督导会把手机拿走。之后，研究人员以参与者自测的焦虑水平结果为基础评估其焦虑水平。

至此，该研究想探讨的问题是：两组参与者的焦虑水平是否有明显的区别？研究人员预测，被要求上交手机的学生会比将手机放在椅子下的学生更焦虑，但是结果与预想有所出入。实际上，这两组参与者的焦虑水平大致相同。也许更有趣的是，手机使用频率最高的参与者在手机上交仅仅十分钟后便开始感到焦虑，这类参与者的焦虑水平随着实验的开展不断上升，而手机使用频率不高的参与者感受到的焦虑水平大体上没有变化。

在另一项借助仪器测量参与者的心率和血压的研究中，参与者看不到手机，但是能听见手机的声音。在这一过程中，研究者让某一位参与者的手机响起，但是这时在场的参与者都不能接听电话。果不其然，未能接听电话导致这些参与者的心率、血压以及自测的焦虑水平都有所上升。[132]

而在另一项研究中，参与者只需安安静静地坐着，什么事情也不用做。随后，研究团队给这个实验添加了一个小插曲：他们将能产生电击的仪器连接到参与者身上（点击的最小强度感觉像被针扎，最大强度堪比牙疼）。研究监察员离开房间之前，会通知每一位参与者，告诉他们可以随时电击自己。结果显示，该实验的参与者中，有三分之二的男性和四分之一的女性选择电击自己。他们这样做不仅仅是出于好奇心，毕竟所有参与者在实验开始前都尝试过电击自己。在随后的调查问卷环节中，参与者解释道，他们并没有把被电击当作一种享受，只是他们宁愿承受被电击的不适，也不要一个人坐在那里胡思乱想。许多人不愿意“坐以待毙”，总要做些事情，即便这些事情会对自己造成不利影响。

一个人使用手机的频率越高（不论年龄），那么其对无法使用手机的反应便越激烈。人类收集信息的欲望十分强烈，当有人阻碍我们进入下一个“信息量平稳期”时，人们会感到焦虑，有时这种焦虑会严重到近乎强迫症的程度。“只是坐在那里”并不能让人们感到满足，而且人们常常通过使用手机回避自身的情感问题。

假设电击自己的人是你，那么你现在该问一问自己，为什么独处时除了思考问题什么也不做会令你如此难受，导致你宁愿忍受电击。这可能是因为许多人的内心都有太多未能释放的被积压的情感，人们想要把这些情绪甩在一边，却发现它们随着时间的流逝越来越“剪不断理还乱”。渐渐地，人们选择沉浸在手机的世界里，试图完全忽略这些情绪。

显然，压抑情绪并无好处。即便有时候，直面内心让人们感觉自己仿佛在一场不公平的搏斗中突然中了一记重拳，但人们也依旧需要花时间用心地捋一捋思绪，体会自身感受，只有懂得体会自身感受。才能处理好沉重的情绪。人们需要承认并且表达自己的感受：“我很难过，因为斯特凡不再给我发消息了。”相较于继续忽视或压抑情绪，正视自己的情绪能更好地平复心情，更快地驱散消极情绪。甚至，正视自己难过的心情，腾出与伤感共处的空间，便足以稍稍抚平伤痛。压抑情绪只会让情绪更加激烈。

调整情绪的确需要时间，这是人们需要接受的事实。同时，人们也要认识到，有些时候，坚定立场、敢于直面自己的感受对自己很有益处。

在现代社会，人们总是容易分心，特别容易因为手机分心。一边是为之奋斗的目标、兴趣，一边是外界诱人的声音，不论时间点是否恰当，两方“势力”都会彼此“厮杀”，争夺人们的注意力。人们总是难以分清什么是真正重要的事情，而什么事情本质上只是在无意义地消耗注意力。

但是，想摆脱对手机的依赖，需要主动积极地采取行动，需要一定的意志力。也许你在出门时常常会把手机放在桌子上，为了不让自己被手机干扰，你将手机屏幕向下。在这之后，为了抑制自己时不时把手机拿起来的冲动，你需要进行积极的自我暗示：“我是不会把手机拿起来的。”人们生来就希望寻找能刺激多巴胺分泌的事物，因而，仅仅是无视多巴胺分泌的诱惑，便已需要人们拥有足够的意志力。

同理心的重建

曾有一项研究观察孩子与母亲的相处（可惜，这项研究没有涉及父亲与孩子的相处）。研究针对的孩子的年龄范围从七个月到两岁，该研究探讨的问题是，手机是否会影响母子关系。

研究结果显示，手机的确会影响母子关系。相较于不使用手机，当母亲沉迷于手机时，孩子们会感到更焦虑。根据研究中母亲和孩子的自测结果，如果母亲使用手机的频率过高，那么孩子就会因为被忽视感到更焦虑，而且在这之后，这类孩子也更难以平复心情。[133]

使用电子产品的时间越长，同理心越弱

使用手机还会带来其他负面影响。美国研究员雪莉·特

克尔（Sherry Turkle）认为，一些现代人的共情能力（同理心的另一种说法）在过去的 20 年间降低了 40%。[134] 特克尔认为，这是因为人们过度依赖科技。现在，人们更难站在他人的角度看待问题，而且总体而言，也不太为彼此考虑。特克尔在其论文中提到，人们通过生活中真实的交流与互动培养自身的共情能力，通过观察自身行为对他人的影响培养同理心且理解他人。如果没有接收到现实生活中来自他人的直接反馈，那么人们便无法提高共情能力。

我们都知道，有时候，人们会对同类表现得有些残忍，而在互联网中，这一情况似乎更加明显。人与人之间出现的矛盾似乎表明，人们并不太了解自己的行为会对他人造成什么影响。现在，多数青少年很少会选择和其他人通过电话或面对面的形式进行交流。有时，人们甚至会选择发短信来解决矛盾。可是这样一来，便无法观察到对方对这些话有何反应。

如果生活中没有足够的面对面交流和肢体接触，那么人们的共情能力就会随之下降。“难怪孩子们会抱怨，给别人打电话实在是太‘让人紧张了’，因为这需要更多直接的交流，但是如果无法习惯这一点，那么打电话可能就变成了一件十分可怕的事情。”《断网大行动》(*The Big Disconnect*)的作者、心理学家凯瑟琳·斯坦纳–阿黛尔(Catherine Steiner-Adair)如此写道。她还认为:“短信交流的方式最不利于培养一段成熟、有爱、坚定或浪漫的关系。”[135]

屏幕互动无法取代面对面交流。

使用屏幕的时间越久，越不会解读彼此

经观察，使用电子产品对人际关系的负面影响还体现为，父母使用手机的时间越长，那么孩子便越不善于模仿面部表情。模仿面部表情以及模仿他人对于建立人际关系十分重要，而这类孩子的相关技能发展会被抑制。前文提及的研究员特克尔还在一项研究中采访过 300 名儿童，结果发现，孩子们对父母过度沉迷手机的行为感到嫉妒与难过，有 50% 左右的孩子表示想要拿走父母的手机。曾有一项研究探讨了七年级学生理解和描述他人感受的能力。有一组学生被禁止使用手机 5 天，而另一组则如往常一样使用手机，结果发现，完全不使用手机的那一组更善于发现并解读他人的面部表情、肢体语言以及情绪。[136]

成年人和儿童都需要通过与他人互动和交流，培养理解

他人感受的能力，这也奠定了人们产生同理心的基础。

我在上课时常常涉及这个话题：你会相信自己吗？在这类课堂上，我总是强调向他人展现同理心并对他人抱有兴趣的重要性。如果人与人之间要达成合作，比如雇主需要雇人，人们需要和他人进行约会或完成交易，那么人们则需要从他人身上看到可靠、善良、同理心这类品质。正如前文所述，人们会优先判断他人是否善良，是否有共情能力，而不是评价他人的能力和实力，而且前者的重要性也大于后者。但是，电子产品很难体现人们的同理心。

与人交流、相处时，不论对方是新交还是旧友，认识到双方和自己拥有的许多共同点是至关重要的。比如两者达成一致意见的事项，都喜欢的活动，或者两人共有的经历，等等。如果能找到双方共有的兴趣，那么双方的相处便会事半功倍。人们会自动模仿遇到的人，模仿他们的表达、姿势和手势，在这一过程中，人们真正地将自己置身于他人的处境中。

但是，达成以上目的的前提是，人们在交流时要能看见彼此。虽然通过发邮件或发消息，双方也能讨论彼此的共同点或相同的兴趣点，同时人们也会在线上聊天的过程中模仿对方，使用与对方一致或是类似的表情包来回复对方，但人们无法看见彼此。这也是为什么一些视频通话软件的交流效果要优于单一的语音或文字软件。但即便是视频交流也无法与现实生活中的面对面沟通相比！

若手机只是放在桌上会如何

美国弗吉尼亚州的三名研究人员曾开展过一项实验性研究，研究名为“苹果手机的影响：在移动设备前面对面交流的质量”。[137] 研究人员旨在探讨，手机的存在本身是否就足以影响人际关系。

具体而言，研究人员想探究手机是否或如何影响两人之间的对话，即便只是将手机放在桌面上。他们开展了现场实验，随机选取 100 名参与者，并要求他们成对坐下，互相交流十分钟，对话内容包括意义深远的话题，也包括较为普通的闲聊。

研究团队在一段距离外观察参与者的对话，并特别留意两人谈话时手机是否在身边，比如放在桌上，或者在参与者手中。实验结束后，参与者的自我评估结果显示，没有手机在身边的对话比有手机身边的交流进行得更好。而且，不论参与者的年龄、性别、民族甚至当下的心情有何不同，均能得出一致结论。参与者表示，没有手机在身边时，他们能更好地与正在交谈的对方共情。实验中的参与者均没有在真正意义上使用手机，但只要能看见手机，人们的对话就会被影响。

另一项相关研究则针对500名大学生的专注能力以及记忆力。结果显示，把手机放在测试大厅外的学生的表现，优于仅仅把手机放在口袋里并调成静音模式的学生。后者并不认为自己的表现被手机影响了，而测试结果却白纸黑字地体现出了差异——把手机放在身边导致学生分心。[138]

还有许许多多其他的研究也观察到了同样的现象。其中一项研究名为“脑力耗损：仅仅把自己的手机放在身边便足以降低认知能力”。该研究显示，相较于把手机调成静音，把手机放在另外一个房间时，人们会表现得更好。[139]

而另一项研究显示，在电脑旁放一部手机（即使不是参与者本人的）造成的影响和在旁边放一本笔记本完全相反。实验中，参与者需要高度集中注意力来解决难题。那么，在以上两种场景下，哪一组的表现会更好呢？答案是：旁边放了笔记本的那一组参与者表现最佳。[140]

手机会使人分心，不论是不是自己的手机，也不论人们是否能看到手机。有一项研究要求参与者完成需要高度集中注意力的测试。其中有的参与者会接到来自研究团队的电话或短信（参与者不能回应这些信息）。结果显示，由于被手机干扰，这些参与者的错误率是对照组的三倍。[141]

在一项所有参与者都会收到文本信息的研究中，一组参与者收到了某些文字上附有可以点击的链接的文本，而另一组收到的文本内容与前一组一致，但是除去了链接。之后，参与者需要就刚刚读过的文字回答问题。结果显示，收到附有链接的文本的那一组参与者掌握的信息比较少，即便他们根本没有点开链接。该研究似乎表明，链接有干扰作用，会迫使人们做决定："我是点还是不点。"

所有类似的小决定，即让人们产生"我应该放任自己被干扰，还是远离干扰"这类想法的决定都会让人们分心，因为这些决定会损耗脑力及组织记忆（organizational memory）①。不论人们最终是否允许自己被干扰，做出这两种决定的过程所造成的干扰程度实际上大致相当。即使不把手

① 组织储存的能对现在的决策产生影响的信息。当组织需要做出新的决策时，有关信息将被重新提取，从而对组织决策产生影响。——译者注

机从桌面上拿起来，即使不点开链接，人们的精力和注意力也被消耗了。

记笔记——用电脑还是纸

有一次，我赴约去斯德哥尔摩上一堂公开课，当时我像往常一样收拾东西：电脑、适配器、充电器、遥控器、几本书以及一些小装饰品。到达目的地后，就在我踏出车门的那一瞬间，我突然意识到我把手机落在家里了——“又来了！怎么回事！”虽然我很快就意识到，完成那一堂课根本不需要手机。但是意识到手机忘在家里的那种感觉，真的让人浑身不自在。

研究表明，如果手机不在身边，人们的焦虑水平会上升。因为这时，人们“迅速瞄一眼手机”的行为无法实现。当手机不在身边时，30 岁以下的人群中，有 90% 的人会感到恐惧。55% 的女性宁愿出门不带化妆品，也不想把手机放在家里。（比较这两个情境本身其实十分有意思……）[142]

试想一下，你正坐在教室里听课，就不妨是刚好在听我的课吧。此时我正在列举与人类行为相关的许多生动的例子，并且向你解释该如何改善你的人际关系。同时，在你听课时，你的面前摆着一台笔记本电脑，你认为电脑会影响你的学习吗？

答案是肯定的，电脑会影响你的学习。

有一项研究在课堂中划分了两组参与者，一组在听课时可以使用笔记本电脑，而另一组则不能。实验中，研究小组观察了使用笔记本电脑组在上课时究竟将电脑作何用途。结果发现，他们确实浏览了不少与课堂内容相关的网页，但他们也不忘查看自己的邮箱和社交媒体。课后发现，有电脑组能记住的课堂知识比没有电脑的对照组要少（这毫无悬念，不是吗）。[143]

那么，再想象一下，如果让上述参与者只能用电脑记笔记，而不能查看邮箱和社交媒体，是否能避免两组参与者的学习差距呢？实际上，答案是否定的。也有研究曾经针对以上问题展开实验，该实验让两组参与者听一场演讲，并且一组可以用电脑记笔记，而另一组则用传统的笔和纸。实验结束后的分析显示，用传统方法记笔记的那一组能更好地理解演讲的内容，他们并不一定能更轻松地记住演讲的细节，但是他们能更好地消化演讲内容。该研究的标题也很值得注意，即“笔杆子比键盘更强大——用传统的笔和纸记笔记比用电脑记笔记更有优势”。

问题是，这一现象背后的原因是什么。有人猜测，这是因为用电脑键盘记笔记类似于死记硬背地复制内容——把听到的内容全都输入到电脑中，一字不差。而用笔记笔记时，书写速度相对较慢，人们不得不在处理信息后选择优先记录某些内容，与此同时，人们能更加透彻地理解知识和内容。另外，用传统方法记笔记时，某些身体部位的运动也会帮助人们更积极主动地理解正在学习的内容。

忽视了重要的事情

掌控科技的第一步，即避免科技引发的负面影响的第一步，便是理解为什么人们最开始会对科技产生兴趣，并且最终借助科技一心多用。接下来将探讨科技会如何影响人们。

例如，你一边要看电视，一边还要盯着手机屏幕。同时，你的大腿上还放着一台笔记本电脑，因为你要在后天之前完成一项工作。此时，你拿起手机准备订一张火车票，却被脸书上的视频动态吸引了注意力，接着你发现自己点开了一篇有意思的文章，之后你打开了一个软件，这个软件刚才向你发送了另一个好友动态更新的提示。然后，你还要回复别人你会参加下周四下班后的欢饮时段（happy hour）[①]。但其实，你并没有完成以上任何一件事。你点开视频后，需要先看 15 秒的广告，你期待这个视频能带来乐趣（但很显然，这个视频很无趣），而最后，你只看了大约 8 秒的视频；接下来，你也没有读完文章，文章的内容看起来很有意思，但是篇幅太长了；而你一开始拿起手机想要预订的火车票，还是没有被预订成功。

而且你只是花了 25 分钟在手机上，在这 25 分钟里，你最初打算做的事情一件也没有完成。更无奈的是，你本来计划完成的工作报告也没有被落实。而如果你没有眼睁睁地看着 25 分钟无谓地流逝，没有在各种事项中浪费时间，让时间像不起作用的手榴弹碎片一样射向四面八方，那么你还是能够完成任务的。而且，你也不会在应该专注写报告的时间突然断了思路。

那么，在不断地交替使用各种电子产品时，身体经历了什么变化？测量皮肤电反应（Galvanic Skin Response，GSR）[②]的相关研究探讨了上述问题，发现从与工作相关的电

① 即酒吧在下午到傍晚会提供打折酒水。——译者注

② 情绪生理指标，代表机体受到刺激时皮肤电传导的变化。——译者注

子产品（与文字打交道或搜索信息）切换到用于娱乐的电子产品时（使用视频、游戏、脸书等软件），人体会受到刺激。[144]

皮肤电反应反映了诸如压力、焦虑或担心等情绪和感受如何让交感神经系统（sympathetic nervous system）出现微小的变化。面临压力时，交感神经系统激活人们的或战或逃反应（fight or flight response），并且，让人们的身体做好准备迎接体力活动。这个过程进而会影响皮肤的电阻变化，这一指标因每个人的情绪和所处的情况而不同。把微型电极连接到人体皮肤上（如手指上）可以测量电阻。当人们因学习而使用电子产品时，上述刺激处于较低水平。但是，举例来说，如果有一名学生准备和课业“说再见”，转而带着更高的兴致开始一些娱乐活动，那么在切换到娱乐模式之前，这名学生身上便已经能够检测到上述刺激激增，刺激激增的时间可达30 秒。

上述结果并不令人意外，不是吗？人们难道不是常常被生活的乐趣所吸引，并因此不顾一些相较之下不太有趣但也许更重要的事情吗？可人们似乎完全没有意识到这一问题。即便如此，人们似乎还是相信，在数字时代，使用技术并不会造成问题。

大海捞针，得不偿失

学术界将无聊定义为：“该对象在当下进行的活动或面临的情况对其毫无吸引力，并且该对象需要继续寻找乐趣，这一现象引发的烦躁易怒的情绪。”[145] 无聊的另一个定义是：“某人因其生产力无法创造价值或所处局面失去意义而产生的焦虑。”[146]

回顾过去几十年间与学习和行为有关的研究，可以发现很明显的一点：学习者获得新旧激励的时间间隔越短，那么其重复相同行为以获得奖励的动机便越强烈。移动游戏的开发充分地应用了这一点，而对人们而言，从文字中发现答案足以成为一种奖励。随着获得激励的周期逐渐缩短，人们会越发感到无聊，“耐心麻袋”会随之变空，这时，我们开始寻找获取奖励的新机会。

以邮件和社交媒体为例。生活中，人们收到的许多邮件可有可无，无非是平淡无奇的广告或毫无灵魂的内容。但总有一些时候，会有很不错的邮件弹出来，让人们一整天身心愉悦，可能是一则好消息、趣闻或令人心动的工作邀请。社交媒体的套路大同小异——大多数帖子与动态都无关痛痒，甚为无聊，其中不乏恼人的信息。但是，人们会在某个时刻突然看到一篇十分有趣的推送文章，它会向人们注入正能量，也许还让人们愿意为其点个“赞”。这和中彩票有异曲同工之妙。人们享受那些十分罕见的胜利时光，也愿意为其付出代价：犹如大海捞针般，将宝贵的时间浪费在寻找这些瞬间上。

那么，这些源源不断的小小激励对人们造成了什么影响？孩子们的“耐心麻袋”是不是已经空空如也，传统优质的家庭作业于他们而言是否已经变得过于无聊，无法激励他们，让他们无法忍受了？人们是否已经无法安安静静地待着，必须要做些什么？如果缺乏持续的激励或认可，人们是否无法专注于任务？

人类的大脑并不熟悉当今的环境。在针对个人任务的专注力自测中，发现了与专注力不足或过度活跃症（Attention Deficit / Hyperactivity Disorder，ADHD）相关的症状，如注意力不集中与过分活跃（这些症状在儿童和青少年间尤为常见）。这些症状的出现也与电子游戏有关。相关自测结果的分析认为：“在许多电子游戏中，令人高度兴奋且迅速变化的注意力焦点可能会削弱儿童对较无聊任务的专注能力（例如，家庭作业），还会缩短他们的注意力持续时间。”[147] 尽管如此，现在还无法确定电子游戏一定是上述问题的罪魁祸首，也无法确定是否还有其他变量导致上述问题。

除了需要更好地专注于工作或学习，其他同样重要的事情也可以让人们真正地感到幸福。那便是给自己腾出宝贵、安静的独处时光，让自己得以反思、深思，让自己能够放松地躺下，任思绪流淌。人们需要让自己当下的想法无拘无束地释放出来，人们在放松状态下常常感受到的、所处理的情绪是最重要且有意义的。这一状态和完成许多任务需要的心态截然不同，完成任务需要以结果为导向进行有意识的思考，比如工作，购买食品，处理琐事，帮孩子穿好衣服，或者准备一场演讲。

自由自在地做白日梦甚至有益于人们的表现和创造力。回想一下，在你完全放松时，脑海里冒出过多少不错的点子。比如你想要从事什么工作，什么人对你而言最重要，你最需要什么，你热爱什么，等等。思考这些问题能帮助你找到适合自己的人生道路。

如何夺回掌控权

活在“当下”绝对称得上是一门艺术。试想一下，你打算今晚蒸一个桑拿浴。才刚刚坐进桑拿室，你便开始思考稍后要看什么电影，以及你要如何泡一杯南非茶来搭配这部电影。接着，在看电影时，茶没让你品出滋味，电影也没让你产生兴致，因为你已经提前在想你最终要如何完成之后的工作报告。

于是，桑拿结束了，电影看完了，茶也被你喝光了，可你还是无法从以上任何一项活动中真正感受到太多乐趣，虽然这些事情本是你十分享受、期待已久的。这个例子说明，注意力不集中很容易让人们错过生活中的点点滴滴。而且最终不得不承认，人们很有可能因为分心而错过生活中的大多数时光。

想抑制电子产品成瘾行为或减少其他成瘾行为，有不少具体的方法与练习可供使用。在进行各种练习时，你可以照常完成日常活动，只不过你需要更有意识地感受日常。之所以要进行该练习，是因为很少有人能够意识到自己的想法和感受，很少有人能完全清楚自己当下所处的瞬间发生了什么。闲来无事时，人们要么在畅想未来，要么在缅怀过往。而每当这些无所事事的瞬间出现，人们便有了掏出手机的冲动。

《秘密》（*The Secret*）一书中谈到了一个简单的练习：全

神贯注地品茶。[148]这一练习的目的是，用心体会完全沉浸在当下时感受有多么不同。你不妨试一试这个方法，即便你认为这似乎有些笨拙。要做到全神贯注并非易事，因为这可能会激起你不愿意体会的情绪。长期处于忙碌状态会导致人们无法释放这些情绪，而在练习中，这些情绪会逐渐浮出水面。

在尝试品茶练习时，请想象自己来自另一个星球，并且此前从来没有见过茶为何物。这样设想的目的是将注意力完全集中于喝茶的方方面面。观察你的茶杯与茶色，看看茶杯里是否有茶叶。闻一闻手中的茶，思考这茶看起来有多烫，茶的气味让你高兴、沉静还是兴奋？最后饮茶时，请注意茶在你口中、舌尖流淌时，最终滑入喉间时，你有什么感受。

等到你习惯了这种品茶方式后，请思考这一品茶方式与你此前的品茶方式有何不同。

另一个更具激励性的、感受当下的练习是冥想。从本质上来说，冥想是有意识地专注于当下的一种简单练习。冥想不需要花费大量的时间，也不是只有在特定情况下才能进行。

首先，请找到一处让你能与自己独处的空间。一开始，你只需要每天抽出一小段时间用于练习，比如 5 ~ 10 分钟。随着你逐渐享受这一新的练习，你便可以开始增加你的静坐时间。你还可以根据需要使用计时器，设置你想要结束练习的时间。你可以按照令自己舒服的方式静坐，比如坐在地板或椅子的坐垫上。我的一个朋友坐在沙发上的方式便十分独特，非常个性。如果你选择坐在椅子上，那么请挺直腰，背部不要接触椅子。

做好准备后，请按以下步骤完成练习。

1. 腰背挺直，找到一个让你感觉自己颇为沉着的坐姿。

2. 闭上双眼，肩膀下沉，感受让身体感到放松的状态。双手置于大腿或其他令你感到舒适的位置。如果听到声音，你可以花点时间体会这些声音，之后专注于身体的感受。比如，你的脚和腿有什么感受？你所坐的位置给你什么感受？是硬的，还是软的？你的双手、手臂、背部、颈部和面部有何感受？

3. 接下来，把注意力集中于呼吸。你的呼吸感受起来如何？空气进入你的鼻腔时带给你什么感受？尽力感受空气是如何通过喉咙进入你的肺部，再原路返回的。冥想的目的并不在于改变任何正在发生的事情，而在于让你观察这一切。把每一次呼吸都当作第一次呼吸来细细体会，请在整个冥想过程中贯穿这一做法。

4. 当你专注于自己的呼吸时，你就会产生想法，而你的大脑会提醒你这些想法的存在。此时请记住，冥想的目的不在于阻止你的想法，因为想法无法阻止。你的想法会重新引导你的注意力——但这正是冥想的一部分内容。比如，你突然意识到自己没有在关注呼吸，因为此时，某个想法或某种情绪占据了你的脑海。这时请别慌乱，你只需要记住此刻的想法或感受，再慢慢驱散它们。在淡化想法和情绪的过程中，你便能逐渐将所有注意力重新集中于自己的呼吸。每当新的想法冒出来时，请尝试用这一方法重新专注于呼吸。如果你冥想三分钟，那么你可能每 0.2 秒便需要重新集中注意力。请不要因此认为自己天生就不适合做冥想练习，进行冥想练习的起点因人而异，而且坚持练习，假以时日，你的冥想能力将会大有进步。

一旦你能够真正做到感受当下，能够享受无所事事的过程，便也能够更好地抵抗手机的诱惑。

动机三小结

我们想要学习，渴望了解自己、他人、各个物种以及世界变化所导致的现象。满足好奇心和求知欲能激励我们，这一过程也会激活我们的激励中心，刺激多巴胺分泌。从进化的角度来看，这一过程帮助人类更好地生存。

人类了解四季变换、狩猎的地点与方式，以及如何从掠食的野兽口中保护所爱之人。拥有求知欲并获取新知识帮助人类制造工具，并且不断改良工具。有了知识，人类才得以建造房屋，而不是继续住在洞穴之中。获取新知识以后，人类学会了制造更优质的船只，这样人类才能驶向更富饶的土地，或者躲避敌人。新知识还能赋予人类地位——知识渊博是一个人在群体中的优势。

人类需要保持警惕，但常常容易分心。懒洋洋地躺在软木橡树下打一整天瞌睡并不能帮助人类收集食物，也不能帮助人类在饥肠辘辘的掠食者低吼着靠近时保护好自己。保持好奇心在现代仍然是优秀的品质，但它也有弊端。这是因为现在的日常生活环境与从前早已有了很大不同。

如今，不断搜寻新信息的动机常常导致人们过度使用电子产品。因此，人们需要找到在日常生活中可以使用的妙招，帮助自己掌控技术，而不是让自己成为技术的奴隶。以下为相关建议。

践行“就近原则”。相较于在空间上离你较远的物品，离你较近的物品会对你的行为产生更大的影响。若是你的身边充满诱惑，那么你便会被诱惑。换言之，如果把某件物品放在身边，那么你就会更频繁地进行与这件物品相关的活动。反之，如果你想减少这种行为，那么请把对应的物品放远些。请为自己创造一个“零诱惑”的环境！

监控手机使用情况。比如，你一天要拿起手机多少次？在社交媒体上花多长时间？查看邮件的频率有多高？有些智能手机配有显示每日使用时间的功能，并且了解手机使用情况这件事本身就十分有意义。如果认为手机的使用时间正常，那么你可以照常全力以赴地面对生活。而如果你认为你需要调节使用电子产品的时间，请通过监测手机的使用情况，根据个人情况限制自己的手机使用时间。

减少不良使用习惯。在总体上减少电子产品使用时间有很多方法，比如，你可以关闭最不重要或最让你上瘾的软件的消息推送提示，不要让这些提示控制你。同时，你还可以将最让你上瘾的软件放入文件夹，增加你打开它们的难度。尝试更长时间地远离手机，找到新的平衡方式。万事开头难，但之后你就会逐渐习惯。以我为例，我平时会尽可能地把手机调成静音模式。有时候，我甚至会把手机“关进”箱子里，再把箱子放进衣柜的最顶层。

给予自己适当的奖励。也许你可以试着要求自己先完成任务，之后才能浏览一些社交平台。关键在于，要坚持按照自己定好的规矩约束自我。如果你要完成的任务较为无趣，那么通过这种方式，你就可以从中获得最大的价值。你还可以给自己设置一个小游戏，以积分的形式奖励抵抗诱惑的自己。比如，玩手机的时间越短，所获的积分便越多。

避免一心多用。想充分释放潜力，你就需要一心一用。只可惜，同时处理多项任务时，你的身体会受到刺激，比如一边读报纸，一边浏览社交媒体，一边又回复邮件。人类有寻求新意、探索环境的强大动机，这一过程会激活大脑的激励中心。请努力抑制还未完成某项任务便开始下一项的冲动，请一次只做一件事，这样你才能最大化任务的完成效果！你的注意力每被分散一次，你便可能需要多达 25 分钟的时间重新集中注意力。

手写笔记。在会议或课堂中需要记笔记时，请用笔和纸来记。虽然用电子产品记的笔记可能更为全面，也更能做到一字不差地记录信息，但是电子笔记没有手写笔记更有效。这是因为手写笔记时，你需要先处理信息再将其记下。因此，手写的笔记更为具体、更精简，也更优质。而且，你吸收的知识也更多，因为在记笔记的过程中，你的思考也更多。而电子笔记更像是在机械地复制信息。

开启飞行模式。在开车时启动手机飞行模式可能是你能采取的最为重要的安全措施之一。这样一来，你在开车过程中就可以避免消息或提示突然弹出，避免出现忍不住在开车的时候瞄手机的情况。切换到飞行模式能让行车更为安全，还有可能避免许多伤亡事故。

使用传统老式的闹钟。有了传统耐用的闹钟，你便可以把手机放在卧室以外的地方。而如果你睡前还是要使用手机，那么至少把屏幕的亮度调低，在使用常用软件或应用时，将其调至夜间模式，即较为柔和的红光，而不是白天常用的、醒神的蓝光。

阅读纸质书。请阅读纸质书籍和报纸，而不是电子书。这对于青少年来说同样重要。而且这样一来，你不会因为手机中其他的应用软件而分神。并且，你的睡眠也不会受到蓝光的影响。

提高意识。人类倾向于选择做能最大程度激励自我的事情，以此避免不适、未知与不确定性。因此，人们更青睐短期快速的回报，并且会远离需要长期努力的投资。应用软件和社交媒体便是专门针对这一倾向而设计的，它们能给人们带来恰到好处的奖励（在 30% ~ 70% 的时间给予奖励）。也正是这一特定的心理现象，使人们不断地重复使用相关软件。获得奖励的机会如此诱人，人们难以仅靠意志力抵抗这些诱惑。

拥抱大自然。曾有一项研究让两组大学生分别在丛林间和交通拥堵的林荫大道上漫步一小时。[149] 之后，他们需要完成一个记忆力测试。结果显示，在丛林间散步的那一组学生的工作记忆力得到了显著提升。在患有专注力不足或过度活跃症和抑郁症的儿童及青少年身上，也观察到了相同的积极效果。仅仅展示与大自然有关的照片，便足以产生积极的影响。

进行正念和冥想练习。找到能让你完全专注于当下的方法，并控制你的行为。回想一下，在你完全放松时，脑海中浮现过多少有意思的想法。在放松状态下，你能思考自己从事的职业，对你而言最重要的人是谁，你真正需要的是什么，以及你热爱什么。

拥抱错失的乐趣，告别错过的恐惧。最后，请关注眼前，请专注于此刻此地正在发生的事情。要乐于错过、敢于错过，和错失恐惧症说再见。请忽视网络上正在发生的一切。你大可以做一些爆米花，沏一壶茶，读一本杂志或一本书。接着任由自己陷入沙发的"温柔乡"，好好享受这一刻生活的闲暇。（请记住，做到这一点还需要一定的练习——毕竟错失恐惧症会引起人们的焦虑。）

是什么在掌控你的生活

我母亲问我："你注意到了吗，往日再现？"那时是下午三四点，连日的降雨刚刚结束。而那天，万里无云，天空十分晴朗，阳光明媚，空气中氤氲着丝丝寒意。10 月刚结束，11 月才冒出头，白天越来越短。奥兰特有的红色沥青在树荫下匍匐，但我们小舍右侧的田野却沐浴在阳光下，田间一片绿油油，恍惚间让人以为现在是夏天。

听到母亲的问题，我的第一反应是："她是指大自然和四季的变化，还是指通向农舍的砾石小路上停着的拖拉机？"

"你指的是……"我刚要问出口，便恍然大悟："噢，我知道你的意思了！"

因为那时我突然发现，一两天前，我的心中也浮现了同样的感慨：我和我的姊妹玛丽安娜在年幼时，与母亲以及外祖母艾诺共同在这间小舍中待过一段时间。外祖父马尔蒂会开车载我们过来，他在这里度过周末，接着再回到斯德哥尔摩上班。我幼年的时光重现了，现在也是一个外祖母、一位母亲以及她的两个女儿一起待在这里，而不同的是，之前我是两个女儿之一，现在我的身份已经转换为一位母亲。

一切看起来似乎都没有变化，还是那间小木屋，还是那些人。总体而言，人类与其动机都是恒定不变的常量。纵观 200 万年的历史，人类自身看起来并无变化。但与此同时，人类的生活环境却日新月异，环境是变量，而且相较于 100 年前、600 年前，甚至 5000 年前，现在的环境都发生了翻天覆地的变化。

在多数情况下，人们的动机对自身有绝对的掌控力。一旦人们无法意识到动机对自身的影响力，就只能无力地受其支配。于是，人们会在动机问题上一次又一次地跌倒。但是，如果人们能够学会认识自身动机，那么人们便能够管理动机。每个人都有能力左右自己的人生进展。

人们都能够决定自己的人生道路，但前提是，要有清醒的自我认识。拥有正确的自我认识需要人们以足够开放的心态审视自我。人们只有能够意识到自己的想法和行为模式，才可以从内在做出改变。想要做出改变，可以改变思维模式和行事方式。

生而为人

人类拥有硕大的额叶。额叶位于大脑前部，眼球上方，它负责思考。人类以前有着比现在更陡的额头，更突出的眉骨。相较之下，现在人类的额头线条更为平直。（此构造能够让你完美地带上你的帽子……）如果没有功能正常的额叶，人类就会被局限在当下，永远只能感知到当下即时的刺激。人类会丧失对未来的概念，并因此无法意识到将要面临的局面。在动物世界，实际上一切都围绕一个准则——规则。但身为人类的我们却是例外。

在地球刚形成的前几百万年间，在地球首次出现生命迹象后，几乎所有物种的大脑都处于上述特定状态。但是，在两三百万年前，智人开始逐渐跳出这种“只能感知此地此时”的常态。正是额叶使人类脱颖而出。灰色的块状额叶布满褶皱，功能高度细化，是人类最后发育完全的大脑部位。额叶也是（儿童）大脑发育得最晚的部分，在人类逐渐老化的过程中，额叶第一个出现退化迹象。

额叶提升人类的思维能力，使人类学会反复仔细思考，帮助人类观察周遭环境，帮助人类与同伴一起应对各种各样的情况。让人类清楚自己什么时候是安全的，什么时候可以放下戒备，而什么时候又应该耳听八方。换言之，自然选择使人类倾向于寻找神经化学层面的愉悦感，同时避免害怕、焦虑或担忧等让人感到难受的情况。

人类的这一倾向提升了人类的生存概率。

你的人格以及三大动机

也许你还记得，本书开篇讨论了人格的定义。我们还一起探讨了流传最广的人格理论——大五人格理论。大五人格理论旨在对人格进行系统化分类，它将许多相似的人格特质划分为五种，并区分为更广的性格特点或人格类型。

虽然人们每天的心情也会影响其人格特质，但是从每天的变化来看，上述五种人格特质不会有太明显的变化，可谓十分稳定。在某些特定情况下，这些特质还会彼此重叠。但是，即便这些性格类型较为稳定，人们的性格在一生中仍有可能逐渐发生改变。虽然性格变化最大的时间段是 20 岁到 40 岁之间，但是在这之前，甚至到了晚年，人的性格依旧有可能出现变化。

有的人一生可能会发生巨大的变化，而有的人一辈子可能也没有改变太多。但人的共通点是，随着岁月的增长，情绪往往会变得更稳定，而且通常人也会变得更善良、温暖、冷静，愿意承担更多的责任。也许这就是所谓的“成熟”吧？至少，这是我们盼望的一个原因。

观察大五人格理论中的性格特点，不难发现这些不同的特质有着各自的优缺点。不同的人格特质决定了一个人擅长的领域，决定了这个人更善于处理的情况。根据我的论文研究结果，人们其实很容易陷入与三大动机相关的、消极的，甚至可能带来破坏性影响的行为模式。

比如，相较于有责任感且较友好的人，神经质的人可能更容易在人际关系方面出现问题。比较神经质的人也许在面对孤独时感到更焦虑，并且，如果无法接触或使用手机，这类人的反应也更强烈。拥有宜人性特质的人可能是最不看重地位或权力的人。

相较于富有责任心或比较神经质的人，开放或外向的人更容易建立新的人际关系。一方面，只拥有外向性这一性格类型的人在上一段感情结束后，会更快地建立新的关系，这也许能让他们更有安全感；另一方面，一些外向的人可能无法适应独居，因此会苦苦维系恶性的人际关系。

昔日优秀的品质不再适用

智人经历了数百万年的进化过程，如今，人类这一物种已经得到了优化和改善。得益于强大的生存和繁衍能力，人类的祖先脱颖而出。这意味着总体而言，人们现在的思维及行为是最适用于人类早期生存环境的。

当然，不是所有的性格特质在人类早期生存环境中都百利而无一害，只不过某些特质在当今世界显得更无用。很多性格特质在历史早期赋予了人类生存优势，但是现在它们却造成了破坏性影响。此时，应该会有人问：如果从进化的角度来看，这些人格特质现在只能为人类的生存带来劣势，那么它们会逐渐被自然选择淘汰吗？会变成进化方面的中性特质[①]吗？又或者，会随着时间的流逝，再次变成优势吗？

可惜，对于以上问题，我们并不能给出确切的答案，而是只能进行大致猜测。尽管传统的进化论认为，进化是一个

① 从进化的角度而言，对人类既无好处，也无坏处。——译者注

无比漫长的渐变过程，即渐变论（gradualism）。但有越来越多的证据显示，这一漫长的微变过程可能被突然出现的快速变化打断，即间断平衡论（punctuated equilibrium），后者会在地理和气候条件发生变化时出现。而不论进化如何演变，人类还是通过使用工具进行高效的团队协作，掌握生产方法，从而释放生产力，以完成其他任务等方式顽强地生存了下来（毕竟，生死本来由自然选择决定）。现在，人类所处的环境不断变化，这使人类很难向一个特定的方向进化。现今的环境巨变导致人类难以适应环境变化的速度。当某一物种的生存环境变化过快时，自然选择便无法发挥其应有的作用。也正因如此，人们发现自己无法很好地适应现在的生活环境。

是遗传，还是三股力量汇聚而成的特殊能力

人们十分容易跌入三大动机“设下”的陷阱，有时，人们还会因此误入歧途。但是，人们也可以提高对动机的意识，了解其对自身的影响。甚至，人们还可以学会将动机为自己所用，将动机转化为自己的特殊能力！

阅读本书后，你应该能够理解成就感对人类有多么重大的意义。因此，请告诉他人，他们对你有多重要，并且学

会夸奖别人，也许你的褒奖在他人眼里价值千金。请尽可能地让他人感受到自己的重要性与成功——他们会因此而看好你！

想每天都感觉良好并且有成就感，你需要在自己做得好的方面进行自我奖励。你可以尝试发现自己每天的成就，并且享受这些成就带给你的感受："是的，我做到了！"请记住，每天完成一小步，你便能逐渐实现你的大目标。

在他人对你的影响方面，他人的表现与你自身的表现息息相关。如果你认为自己落后于他人，那么你会更有可能受此激励并表现得更好，当然，前提是你只是稍稍落后于他人。请思考你要如何运用自身的竞争意识以及对地位的渴望，提升自己的表现。并且请记住，不要和自己的伴侣相互比较，因为你们是同林鸟。

诚然，作为社交动物，人们都希望成为群体中的一员，但是也不要害怕自己的与众不同。你会由于自己不同于他人而犹豫，但这只是个人的求生意识在左右你，请记住，其实情况并不如看起来那样危险。

一般来说，社交特性能提升效率。因此，如果你发现有人陪伴时你的表现会更优秀，那么请在需要好好表现时，或者在需要感到自在的场合中运用这一点。同时，对于不需要和同事交流的这类工作邀请，你需要三思而后行。

频繁与同一个人见面有利也有弊。不论是否出自你本意，你见一个人的频率越高，便越有可能对这个人产生好感。而如果你还在某些方面模仿这个人，那么这个人也有可能会逐渐喜欢上你。

在需要好好表现的重要场合中，如果那时有人在观察你，那么你会表现得更出色。你的决定也会被他人的想法左右，因此，请确保你会与志同道合的人打交道。

他人的观点对人们具有一定的影响力：人们会与他人阅读同样的书，听同样的音乐。甚至，人们在明明可以明辨是非对错的情况下，还是会屈服于群体的压力，颠倒黑白，认为多数人错误的声音是正确的。因此，请记住：如果你在会议等场合中是第一个发言的人，那么你的想法和建议会更容易被听见；反之，如果在以上场合中靠后发言，你的想法则更难被采纳。

另外，请结识积极向上、能鼓舞人心、对你有所启发的朋友，远离那些消耗你的精力和人生乐趣的人。尽可能地不要让自己负担过重、压力过大、欲望过大、筋疲力尽。当然，在这一方面，你可能不会一直拥有选择权，但是请尽可能地做到这一点。

本书提及的第三大动机即对知识的探索，它使我们终日忙碌。但是，过度使用手机、平板和电脑几乎榨干了人们的时间，人们难以获得宝贵的片刻安宁以反思自我。而在自我反思的过程中，人们的思绪和感受都能畅通无阻地被释放。

当然，人们都需要电子产品来完成工作，来与彼此交流，但不幸的是，电子产品的相关技术会从人际关系、自我表现以及睡眠方面降低人们的生活质量。为什么不放下电子产品，去读一本纸质书，或听一本电子书，看一场话剧，去一处陌生的地方旅行呢？获取知识确实能带给人们愉悦，只不过你需要选择获取新知识的方式。

人们应乐于错过，拥抱彼此。这样一来，人们会更富有同理心、更慷慨、更宽容。

现在你该如何

奥斯卡·王尔德曾在戏剧中写道："我能抗拒一切，除了诱惑。"诱惑，正是本书三大动机的核心。

假设你想依照其中一两个动机改变自我，你认为做出改变的难易程度如何？换言之，总体来说，人们如何改变自我，即人们做出改变的潜力有多大？

首先，人格的变化与行为的变化有关。史戴芬·艾因霍恩（Stefan Einhorn）在其著作《几宗新罪》（*The New Deadly Sins*）中写道，行为改变不一定会导致人格变化。[150] 人们不会一直希望行为变化带来人格变化。因为，通常改变行为比改变性格特质容易得多。但是，改变行为也并非易事，和其他许多事情一样，这需要一定的自制力。你大可以读一些鼓舞人心的报道，听一些振奋人心的培训建议，或学一些有益于健康的饮食方法，但除了纸上谈兵，你本人最终还是要亲自付诸实践。除此之外，你还要意识到，有些行为很容易改变，而有些行为则不是这样。改变行为的方法各有不同，有些有效，有些无效。

影响改变的接受程度的因素之一是人们对自己的认知，即认为自己有多容易被改变。如果你的想法是“我就是我，没有什么能改变我”，那么你做出改变的概率会很低。反之，如果你相信自己做出改变的潜力，那么改变也会变得更容易。例如，仅是阅读有关人脑的可塑性和发展潜力的内容等简单的举动，便足以提高你改变自己的成功率。

受到他人的夸奖会促使人们做出改变吗？并不一定，这取决于他人夸奖的是智力还是努力。如果他人夸奖你的努力，赞许你如何出色地完成一项艰巨的任务，那么你会更有干劲、更愉悦，甚至更有可能收获更好的结果。[151] 努力和付出是可控因素，人们可以选择是否努力。而如果你因为智力被夸奖，那么你可能会产生这样的想法："我其实没办法真正左右自己的表现，毕竟这由天生的智力决定。"

另外，是否有人帮助也很重要，并且人们需要拥有"是我自己在掌控自己的人生，而不是他人"的感觉。安全感和他人的接纳让人们更有参与感，更敢于承担有挑战性的任务，人们也会因此更外向，表现得更好。

此外，还要考虑同辈压力：即便你内心有自己的道德标杆，有一套行为规范和价值观，事实也证明，他人的观点依旧对你有着举足轻重的影响，他人的是非观会影响你。而且，在你身边的所有人中，你模仿的对象会对你造成更大的影响。如果这个人遵纪守法，那么你也更有可能遵纪守法；如果这个人考试作弊，那么你也更有可能出现作弊行为。身边的人会对我们产生巨大的影响，我们也倾向于模仿父母的特定行为。

如果你对以下三个问题的回答都是肯定的，那么你便更有可能更好地改变自我。

1. 你是否意识到自身行为？

2. 你愿意改变自身行为吗？

3. 你愿意付出应有的努力吗？

如果你对以上三个问题的回答都是“是”，那么你应该开始逐步给自己设立目标，而不是直接一步到位，尝试实现总目标。

此外，还有一点很重要：要接受计划赶不上变化的事实。在这个过程中，你可能经常会感觉自己才刚向前走一步，却又后退了两步，但做出改变的过程就是这样。请不要放弃，再接再厉！

你正在充分释放潜力

阅读至此，你应该已经对人类的三大动机有了较为深刻的新认识，也了解了生活中不可或缺的知识。而最重要的一点是：真的想清楚对你而言什么最重要。真正让你感到幸福的是什么？你最看重人生中的什么？你是否有想要完成的目标？

一旦想清楚这一点，你便能事半功倍，因为你可以开始制订计划来实现目标。我们都需要时间的积累才能培养新的习惯，即在大脑中建立新的神经通路。但请持之以恒，因为这一切值得这样做！

我诚恳地希望你对人类三大动机的新认识能伴随你的一生。在你的人生旅途中，希望这些知识能指引你走向适合你的方向，如此，你便能拥有更多美好的经历。

行文到末尾，请读者们容我做一个小结。如果你有幸拥有足够长的人生，在生命即将画上句号的那一天，我猜你可能会回首这一生的往事。也许你会反思你的境况：“我这一生是否把应该看重的人和事放在了第一位？我是否善待自己，是否善待所爱之人？”

我希望那天来临时，你的答案会让温暖和真挚充盈你的心田。

祝好

安吉拉·阿霍拉

附录

每个人都拥有各自独特的人格。在人的一生中，人格在总体上保持稳定。而相较之下，根据所处的情况以及面对的人，人们的行为会不可避免地出现变化。人们需要不断调整自身行为以适应环境和人，这有益于人们的生存。

学界对人格的定义有:“源于与生物和环境相关因素的行为、认知和情感”以及“长期而言较为稳定，但会根据情况发生变化的行为”。[152]

大五人格理论

本书开篇提到的大五人格理论通过以下五个特质全面地描述了人的性格。

1. 外向性：合群、自信、积极向上、善于言谈、活力满满、热心、善于社交，在群体中经常起带头作用。拥有丰富的人际关系网，倾向于寻求刺激和兴奋。享受他人的陪伴，常常是聚会的焦点。

具有外向性特质的人不内敛，很少克制自己。

2. 开放性：好奇心强、足智多谋、敢于冒险、富有才华、有创造力、敢于接受挑战、审美意识强并且能赞赏不常见的观点、想象力丰富。乐于接受情感、价值观以及新观点的细微差别。有艺术审美能力，能发现生活中各种经历的美好。

具有开放性特质的人处事风格不太谨慎，十分灵活。

3. 宜人性：热情、考虑周全、共情能力强、乐于助人、富有同情心、有怜悯之心、善良、无私、可靠、慷慨、宽容、乐于合作。能够信任并相信他人，总能安慰他人。

具有宜人性特质的人可靠、不复杂，也不会自吹自擂。

4. 尽责性：关注细节、一丝不苟、办事有效率、值得信赖、思路清晰、以目标为导向、有前瞻性、为人忠诚，并且比较传统，善于抑制冲动。希望将事情做好，高度自律，组织能力强。

具有尽责性特质的人办事不马虎，尽职尽责，足智多谋。

5. 神经质：总是笼罩在消极情绪的胁迫下，时常感到焦虑，杞人忧天。容易紧张焦虑、情绪不稳定、反复无常，而且比较敏感。容易有内疚、暴怒和抑郁等情绪与感受，面对压力时比较脆弱和敏感。

具有神经质特质的人不冷静、不自信、无法放松，且面对压力时情绪容易不稳定。

量化关系

借助功能性磁共振成像技术（functional Magnetic Resonance Imaging，fMRI），研究人员观察了人类大脑的各个区域，发现大五人格理论中有四个性格特质与人脑的特定区域有关[153]：

- 外向性对应人脑中处理奖励的区域。
- 神经质对应与威胁、惩罚以及消极情感或冲动有关的区域。
- 宜人性对应人脑中与他人意图及心理状态有关的区域。
- 尽责性对应人脑中与行为控制和规划有关的区域。

神经化学物质也会影响人的性格。较为外向和开放的人体内的多巴胺分泌情况更为活跃。[154]而且血清素与人的创造力有关。[155]

各特质相互关联

虽然大五人格理论原有的各个性格特质完全独立于彼此，但有研究认为事实并非如此。

例如，一个外向的人可能也比较开放。这便衍生出了可塑性（plasticity）这一概念。此处是指某个性格较为灵活的人十分乐于探索，对新环境的适应能力很强，敢于质问社会准则，寻求刺激，也会被积极的情绪吸引。换言之，这个人积极向上，好奇心强，是一个快乐的人。

情绪稳定、宜人性以及尽责性也有共同点。在同时拥有这些特点的情况下，一个人会十分善于应对压力，处理消极情绪。他在与人相处时还会表现得十分热情友好，与此同时，他为人谨慎，能够抑制自身的冲动。这一性格大类被称为稳定性（stability）。

研究上述两个性格大类后，有些研究人员很聪明地开始将大五人格理论改称为大二人格理论。研究员格雷戈里·费斯特（Gregory Feist）坚称，可塑性高的人通常比稳定性高的人更具创造力[156]。同时，开放性这一特质与创造力的相关性最高[157]，即具有开放性特质的人比较具有创造力。这一点不难理解，毕竟这类人好奇心强、想象力丰富、聪慧，行为和思想都较为灵活，他们也愿意展开新的经历。除此以外，具有外向性特质的人自信并且寻求兴奋感，这也能促进创造力的发展。而且，针对双胞胎的研究显示，外向性和开放性可能与创业能力有关。

五种性格特质也与领导力有关。外向性与一个人是否有志于成为领导者的关联性最强。尽责性与是否努力和言行是否有条理有关，也与这个人的领导者地位有关。开放性与领导力有关。有趣的是，宜人性可能正是阻碍大部分人走向权力巅峰的特质，但如果拥有宜人性特质的人成为领导，那么这一特质会造就一个更好的领导。

致谢

写这本书花了不少时间，书中不乏我的自我反思，以及我和身边挚爱之人颇有意义的对话。针对三大动机，我精心挑选了现实生活中的趣闻轶事，这些小插曲可能出现在晚餐中、聚会上、职场中、邻里间，出现在人与人之间的互动、纷争以及生活中其他大大小小的事情中。

在此，我首先要感谢我的母亲塞亚·卡尔亚莱宁（Seija Karjalainen），她正在攻读斯德哥尔摩大学的语言学硕士。母亲一直是我在学术方面的引路人，正因为有了她的支持，我的工作才能顺利开展。有时，我需要出差，而此时，母亲的家就成了我的女儿们的第二个家，成了她们珍视的家。母亲总是在家中照顾她们，为她们做肉丸，教她们学编织（两个姑娘正在学习她的手艺），也愿意帮助她们完成作业，为她们准备生日聚会。

其次，我要感谢我的姊妹玛丽安娜·阿霍拉（Mariana Ahola），她的洞察力极强，总能想到有趣的点子。我的女儿们把她称作“世界上最最最最最好的阿姨”，而且她似乎无所不知、无所不晓，经历也极为丰富。（她的日常工作是救人。）

另外，还要感谢我的父亲毛诺·阿霍拉（Mauno Ahola）以及我的外祖父马尔蒂·卡尔亚莱宁（Martti Karjalainen）。外祖父与外祖母艾诺（可惜外祖母已经离开了我们）不仅养育了我和玛丽安娜，还带大了他们的五个曾孙辈（即我和姊妹的孩子）。我们一直也把外祖父母视作另一对父母。

撰写本书这种题材的书，必须阅读大量的文献。如果要把写这份书稿时我阅读的所有书籍和科学期刊堆积起来，那么这堆积如山的文献能成为一个不小的跳高挑战。因此，我还要感谢斯德哥尔摩大学心理学系的奥克·海尔斯特默（Åke Hellström）教授，作为朋友，他一直给予我支持，帮助我梳理思路，找到有趣的文献与资料。

感谢乔纳森·戴利（Johnathan Daily）将这本书翻译为英语版本。感谢他将本书翻译得直接明了，他的用词之精准，行文之具有创造力，令人赞叹。他完美地抓住了原作的语气和精髓。

还要感谢 Roos & Tegnér 出版社的所有员工，我的编辑、装帧设计师，以及我们的摄影师。在本书的出版过程中，他们出色地完成了团队合作。与他们的合作过程令我感到十分愉快。最后的最后，感谢我的两个女儿亚历克西娅·阿霍拉和安东尼娅·阿霍拉，你们是“我生命中的阳光”！还要感谢我的亲戚朋友以及邻居，孩子学校的教师以及同学的家长，AW 救护车队，我的客户，以及所有我生命中美好的人们与那些美丽的心灵。还要感谢那些在我找不到生活中的平衡点时、在我想要出去跳舞时，那些陪伴我的人们；还要感谢愿意与我促膝长谈的人以及愿意将心事倾诉于我的人。

生命的长河总是蜿蜒前行，在漫步人生路时，我何其幸运能够与你们一同前行！

衷心感谢！

注释

1. Fujii, T., Schug, J., Nishina, K. Takahashi, T., Okada, H. & Takagishi, H. (2016). Relationship between Salivary Oxytocin Levels and Generosity in Preschoolers. *Scientific Reports*, Vol. 6.
   Barrazaa, J. A., McCulloughb, M. E., Ahmadic, S. & Zak, P. J. (2011). Oxytocin infusion increases charitable donations regardless of monetary resources. *Hormones and Behavior*, 60(2), 148–151.
2. Cheever, N. A., Rosen, L. D., Carrier, L. M. & Chavez, A. (2014). Out of sight is not out of mind: The impact of restricting wireless mobile device use on anxiety levels among low, moderate and high users. *Computers in Human Behavior*, 37, 290–297.
3. de Waal, F. (1998). *Chimpanzee politics: Power and sex among apes* (Rev. ed.). Baltimore, MD, US: Johns Hopkins University Press.
4. Sapolsky, R. (2017). *Behave: The biology of humans at our best and worst*. Penguin Press.
5. Thorndike, E. L. (1927). The Law of Effect. *The American Journal of Psychology*, 39, 212–222.
   Thorndike, E. L. (1933). A proof of the law of effect. *Science*, 77, 173–175.
   Thorndike, E. L. (1898). Animal intelligence: An experimental study of the associative processes in animals. *Psychological Monographs: General and Applied*, 2(4), i–109.

6. Reiss, S. (2004). Multifaceted nature of intrinsic motivation: The theory of 16 basic desires. *Review of General Psychology*, 8(3), 179–193.
7. Feist, G. J. (2019). Creativity and the Big Two model of personality: plasticity and stability. *Current Opinion in Behavioral Sciences*, 27, 31–35.
8. Cobb-Clark, D. A, & Schurer, S. (2012). The stability of big-five personality traits. *Economics Letters*, 115(1), 11–15.
9. O'Brien, T. B. & DeLongis, A. (1996). The interactional context of problem, emotion, and relationship-focused coping: The role of the Big Five personality factors. *Journal of Personality*, 64, 4.
10. Polderman, T. J. C., Benyamin, B., de Leeuw, C. A., Sullivan, P. F., van Bochoven, A., Visscher, P. M. & Posthuma, D. (2015). Meta-analysis of the heritability of human traits based on fiiy years of twin studies. *Nature Genetics*, 47, 702–709.
11. Shane, S., Nicolaou, N., Cherkas, L. & Spector, T. D. (2010). Genetics, the Big Five, and the tendency to be self-employed. *Journal of Applied Psychology*, 95(6), 1154–1162.
12. Roberts, B. W., Kuncel, N. R., Shiner, R., Caspi, A. & Goldberg, L. R. (2007). The power of personality: The comparative validity of personality traits, socioeconomic status, and cognitive ability for predicting important life outcomes. *Perspectives on Psychological Science*, 2(4), 313–345.
13. Gobman, J. M. (1994). *What predicts divorce? The relationship between marital processes and marital outcomes*. Hillsdale, NJ: Erlbaum.
14. Bolger, N. & Zuckerman, A. (1995). A framework for studying personality in the stress process. *Journal of Personality and Social Psychology*, 69, 890–902.
    Suls, J. & Martin, R. (2005). The daily life of the garden-variety neurotic: Reactivity, stressor exposure, mood spillover, and maladaptive coping. *Journal of Personality*, 73, 1485–1509.
15. Gobman, J. M., Coan, J., Carrere, S. & Swanson, C. (1998). Predicting marital happiness and stability from newlywed interactions. *Journal of Marriage and Family*, 60, 5–22.
16. Jensen-Campbell, L. A. & Graziano, W. G. (2001). Agreeableness as

a moderator of interpersonal conflict. *Journal of Personality*, 69, 323–361.

17. Kinnunen, U. & Pulkkinen, L. (2003). Childhood socio-emotional characteristics as antecedents of marital stability and quality. *European Psychologist*, 8, 223–237.

    Roberts, B. W. & Bogg, T. (2004). A 30-year longitudinal study of the relationships between conscientiousness-related traits, and the family structure and health-behavior factors that affect health. *Journal of Personality*, 72, 325–354.

18. Karney, B. R. & Bradbury, T. N. (1995). The longitudinal course of marital quality and stability: A review of theory, methods, and research. *Psychological Bulletin*, 118, 3–34.

    Kelly, E. L. & Conley, J. J. (1987). Personality and compatibility: A prospective analysis of marital stability and marital satisfaction. *Journal of Personality and Social Psychology*, 52, 27–40.

    Tucker, J. S., Kressin, N. R., Spiro, A. & Ruscio, J. (1998). Intrapersonal characteristics and the timing of divorce: A prospective investigation. *Journal of Social and Personal Relationships*, 15, 211–225.

19. Roberts, B. W., Caspi, A. & Moffifitt, T. (2003). Work experiences and personality development in young adulthood. *Journal of Personality and Social Psychology*, 84, 582–593.

    Berkman, L. F., Glass, T., Brissebe, I. & Seeman, T. E. (2000). From social integration to health. *Social Science Medicine*, 51, 843– 857.

    Bolger, N. & Zuckerman, A. (1995). A framework for studying personality in the stress process. *Journal of Personality and Social Psychology*, 69, 890–902.

    Suls, J. & Martin, R. (2005). The daily life of the garden-variety neurotic: Reactivity, stressor exposure, mood spillover, and maladaptive coping. *Journal of Personality*, 73, 1485–1509.

20. Kokko, K., Bergman, L. R. & Pulkkinen, L. (2003). Child personality characteristics and selection into long-term unemployment in Finnish and Swedish longitudinal samples. *International Journal of Behavioral Development*, 27, 134–144.

    Kokko, K. & Pulkkinen, L. (2000). Aggression in childhood and long-term unemployment in adulthood: A cycle of maladaptation and some protective factors. *Developmental Psychology*, 36, 463–472.

Bogg, T. & Roberts, B. W. (2004). Conscientiousness and health behaviors: A meta-analysis of the leading behavioral contributors to mortality. *Psychological Bulletin*, 130, 887–919.

21. Ashby, F. G., Isen, A. M. & Turken, A. U. (1999). A neuropsychological theory of positive affect and its influence on cognition. *Psychological Review*, 106, 529–550.

22. Hogan, J. & Holland, B. (2003). Using theory to evaluate personality and job-performance relations: A socioanalytic perspective. *Journal of Applied Psychology*, 88, 100–112.

23. Berkman, L. F., Glass, T., Brissebe, I. & Seeman, T. E. (2000). From social integration to health. *Social Science Medicine*, 51, 843– 857.

Bogg, T. & Roberts, B. W. (2004). Conscientiousness and health behaviors: A meta-analysis of the leading behavioral contributors to mortality. *Psychological Bulletin*, 130, 887–919.

Roberts, B. W. & Robins, R. W. (2000). Broad dispositions, broad aspirations: The intersection of the Big Five dimensions and major life goals. *Personality and Social Psychology Bulletin*, 26, 1284–1296.

Roberts, B. W., Walton, K. & Viechtbauer, W. (2006). Paberns of mean-level change in personality traits across the life course: A meta-analysis of longitudinal studies. *Psychological Bulletin*, 132, 1–25.

24. Roberts, B. W. & Robins, R. W. (2000). Broad dispositions, broad aspirations: The intersection of the Big Five dimensions and major life goals. *Personality and Social Psychology Bulletin*, 26, 1284–1296.

Gobman, J. M., Coan, J., Carrere, S. & Swanson, C. (1998). Predicting marital happiness and stability from newlywed interactions. *Journal of Marriage and Family*, 60, 5–22.

Jensen-Campbell, L. A. & Graziano, W. G. (2001). Agreeableness as a moderator of interpersonal conflict. *Journal of Personality*, 69, 323–361.

Kinnunen, U. & Pulkkinen, L. (2003). Childhood socio-emotional characteristics as antecedents of marital stability and quality. *European Psychologist*, 8, 223–237.

Roberts, B. W. & Bogg, T. (2004). A 30-year longitudinal study of the relationships between conscientiousness- related traits, and the family structure and health-behavior factors that affect health. *Journal of Personality*, 72, 325–354.

Roberts, B. W., Kuncel, N. R., Shiner, R., Caspi, A. & Goldberg, L. R. (2007). The power of personality: the comparative validity of personality traits, socioeconomic status, and cognitive ability for predicting important life outcomes. *Perspectives on Psychological Science*, 2(4), 313–345.

25. Roberts, B. W., Walton, K. & Viechtbauer, W. (2006). Paberns of mean-level change in personality traits across the life course: A meta-analysis of longitudinal studies. *Psychological Bulletin*, 132, 1–25.

26. King, J. E. & Figueredo, A. J. (1997). The five-factor model plus dominance in chimpanzee personality. *Journal of Research in Personality*, 31, 257–271.

27. Hare, B., Wobber, V. & Wrangham, R. (2012). The self-domestication hypothesis: evolution of bonobo psychology is due to selection against aggression. *Animal Behaviour*, 83(3), 573–585.

28. Emily, P., Berger, J. & Moluki, S. (2007). Alone in a crowd of sheep: Asymmetric perceptions of conformity and their roots in an introspection illusion. *Journal of personality and social psychology*, 92, 585–595.

29. Baumeister, R. F. & Leary, M. R. (1995). The need to belong: desire for interpersonal abachments as a fundamental human motivation. *Psychological Bulletin*, 117(3), 497–529.

30. Benneb, J. (2014). Bubbles carry a lot of weight: Texting anxiety caused by lible bubbles. *New York Times*.

31. Berger, J. (2016). *Invisible Influence: The hidden forces that shape behavior*. New York: Simon & Schuster.

32. Moreland, R. L. & Zajonc, R. (1982). Exposure effects in person perception: familiarity, similarity, and abraction. *Journal of Experimental Social Psychology*, 18, 395–415.

33. Moscovici, S. & Zavalloni, M. (1969). The group as a polarizer of attitudes. *Journal of Personality and Social Psychology*, 12(2), 125–

135.

Asch, S. E. (1955). Opinions and social pressure. *Scientific American*, 193(5), 31–35.

34. Lible, A. C., Burt, M. & Perreb, D. (2006). Assortative mating for perceived facial traits. *Personality and Individual Differences*, 40, 973–984.

35. Sinner, M. (1971). Newborns response to the cry of another infant. *Developmental Psychology*, 5, 136–150.

Mirror Neuron Forum (2011). *Perspectives on Social Science*, 6, 369–407.

36. Maddux, W. W., Mulle, E. & Galinsky, A. (2008). Chameleons bake bigger pieces: Strategic behavioral mimicry facilitates negotiation outcomes. *Journal of Experimental Social Psychology*, 44, 461–468.

37. Berger, J. (2016). *Invisible influence: The hidden forces that shape behavior*. New York: Simon & Schuster.

38. Finkel, E. J., Eastwick, P. W. & Mabhews, J. (2007). Speed-dating as an invaluable tool for studying romantic abraction: A methodological primer. *Personal Relationships*, 14, 149–166.

Ireland, M. E., Slatcher, R. B., Eastwick, P. W. Scissors, L. E., Finkel, E. J. & Pennebaker, J. W. (2010). Language Style Matching Predicts Relationship Initiation and Stability. *Psychological Science*, 1–6.

Gonzales, A. L., Hancock, J. T. & Pennebaker, J. W. (2010). Language style matching as a predictor of social dynamics in small groups. *Communications Research*, 31, 3–19.

Lakin, J. L., Chartrand, T. L. & Arkin, R. M. (2008). I am too just like you: Non-conscious mimicry as an automatic behavioral response to social exclusion. *Psychological Science*, 19, 816–822.

39. Asch, S. E. (1951). Effects of group pressure on the modification and distortion of judgments. In H. Guetzkow (Ed.), *Groups, leadership and men* (s. 177–190). Pibsburgh, PA: Carnegie Press.

Asch, S. E. (1952). *Social psychology*. Englewood Cliffs, NJ:Prentice Hall. Asch, S. E. (1955). Opinions and social pressure. *Scientific American*, 193(5), 31–35.

Asch, S. E. (1956). Studies of independence and conformity. A minority of one against a unanimous majority. *Psychological Monographs*, 70(9), 1–70.

40. Cialdini, R. B. & Goldstein, N. J. (2004). Social influence: Compliance and conformity. *Annual Review of Psychology*, 55, 591–621.
McLeod, S. (2016). What is Conformity? *Simply Psychology*.
Heejung, K. & Markus, H. (1999). Deviance or uniqueness, Harmony or conformity? A cultural analysis. *Journal of Personality and Social Psychology*, 77, 785–800.

41. Salganik, M. J., Dodds, P. S. & Wabs, D. J. (2006). Experimental study of inequality and unpredictability in an artificial cultural market. *Science*, 311(5762), 854–856.

42. Stephens, N. & Marcus, H. & Townsend S. (2007). Choice as an act of meaning: The case of social class. *Journal of Personality and Social Psychology*, 93, 814–830.

43. Berger J. Bradlow, E., Braunstein, A. & Zhang Yao. (2012). From Karen to Katie: Using baby names to study cultural evolution. *Psychological Science*, 23, 1067–1073.

44. Verosly, S. & Todorov, A. (2010). Generalization of affective learning about faces to perceptually similar faces. Psychological Science, 21, 779–785.
Bertrand, M. & Mullainathian, S. (2004). Are Emily and Greg more employable than Lakisha and Jamal? A field experiment on labor market discrimination. *American Economic Review*, 94, 991–1013.

45. Hirschmann, E. (1980). Innovativeness, novelty seeking and consumer creativity. *Journal of Consumer Research*, 7, 283–295.
Aron, A., Norman, C., Aron, E., McKenna, C. & Heyman, R. (2000). Couples' shared participation in novel and arousing activities and experienced relationship quality. *Journal of Personality and Social Psychology*, 78, 273–284. Buchanan, K. E. & Bardi, A. (2010). Acts of kindness and acts of novelty affect life satisfaction. *Journal of Social Psychology*, 150, 235–237.

46. O'Leary, K. D., Acevedo, B. P., Aron, A., Huddy, L. & Mashek, D. (2011). Is long-term love more than a rare phenomenon? If so, what are its correlates? *Social Psychological and Personality Science*.

47. Hazel, M. (1978). The effect of mere presence on social facilitation: An unobtrusive test. *Journal of Experimental Social Psychology*, 14, 389–397.

48. Corbeb, J., Barwood, M. J., Ouzounoglou, A., Thelwell, R. & Dicks, M. (2012). Influence of Competition on Performance and Pacing during Cycling Exercise. *Medicine & Science in Sports & Exercise*, 44(3):509-515.

49. Bruce, R. (1941). An experimental analysis of social factors affecting the performance of white rats. Performance in learning a simple field situation. *Journal of Comparative Psychology*, 31, 363–377.
    Simmel, E. (1962). Social facilitation of exploring behavior in rats. *Journal of Comparative and Physiological Psychology*, 5, 831–833.
    Stamm, J. (1961). Social facilitation in monkeys. *Psychological Reports*, 8, 479–484.

50. Berger, J. & Pope, D. (2011). Can losing lead to winning? *Management Science*, 57, 817–827.

51. Fershtman, C. & Gneezy, U. (2011). The trade off between performance and qui]ng in high-power tournaments. *Journal of the European Economic Association*, 9, 318–336.

52. Rogers, T. & Moore, D. (2014). The motivating power of under-confidence: The race is close but we're losing. *HKS Working Paper*, No. RWP14-047.

53. Diener, E. & Biswas-Diener, R. (2016). *Happiness*. Blackwell Publishing.

54. Berscheid, E. & Regan, P. C. (2005). *The psychology of interpersonal relationships*. New York: Prentice-Hall.
    Thaler, R. H. & Sunstein, C. R. (2009). *Nudge: Improving decisions about health, wealth, and happiness*. New York: Penguin Books.

55. Danner, D. D., Snowdon, D. A. & Friesen W. V. (2001). Positive emotions in early life and longevity: findings from the nun study. *Journal of Personality and Social Psychology*, 80(5), 804–813.

56. Wheeler, L. & Nezlek, J. (1977). Sex differences in social participation. *Journal of Personality and Social Psychology*, 35(10), 742–754.

57. Krossa, E., Bermana, M. G., Mischel, W., Smith, E. E. & Wagerd, T.

D. (2010). Social rejection shares somatosensory representations with physical pain. *PNAS*, 108, 15.

58. Myers, D. G. (1992). *The pursuit of happiness: Who is happy – and why?* New York: W. Morrow.
59. Coyne, J. C. & DeLongis, A. (1986). Going beyond social support: The role of social relationships in adaptation. *Journal of Consulting and Clinical Psychology*, 54(4), 454–446.
60. Vinokur, A. D. & van Ryn, M. (1993). Social support and undermining in close relationships: Their independent effects on the mental health of unemployed persons. *Journal of Personality and Social Psychology*, 65(2), 350–359.
61. Blackburn, E. & Epel, E. (2018). *The Telomere Effect: A Revolutionary Approach to Living Younger, Healthier, Longer*. Orion Spring.
62. Gottman, J. M. & Schwartz-Gottman, J. (2017). The natural principles of love. *Journal of Family Theory and Review*.
    Gottman, J. M. and Driver, J. L., (2005). Dysfunctional marital conflict and everyday marital interaction, *Journal of Divorce & Remarriage*, 43(3–4), 63–78.
63. Lieberman, M. D. (2013). *Social–Why our brains are wired to connect*. New York: Crown Publishers.
64. Lieberman, M. D. (2013). *Social–Why our brains are wired to connect*. New York: Crown Publishers.
65. Zak, P. (2012). *The Moral Molecule: The Source of Love and Prosperity*. Dubon.
66. Gilbert, D. T., Fiske, S. T. & Lindzey, G. (1998). *The handbook of social psychology*. New York: Oxford University Press.
67. Zak, P. J. (2012). *The Moral Molecule–How trust works*. New York: Penguin Group.
68. Daughters, K., Manstead, A. S. R., Hubble, K., Rees, A., Thapar, A. & van Goozen, S. H. M. (2015). Salivary oxytocin concentrations in males following intranasal administration of oxytocin: A double-blind, cross-over study. *PLOS ONE*.
69. Huffmeijer, R., Alink, L. R., Tops, M., Grewen, K. M., Light K. C., Bakermans-Kranenburg, M. J. & Ijzendoorn, M. H. (2012). Salivary

levels of oxytocin remain elevated for more than two hours aier intranasal oxytocin administration. *Neuro Endocrinology Letters*, 33(1), 21–25.

70. Zak, P. J. (2012). *The Moral Molecule–How trust works*. New York: Penguin Group.
71. Emily, P., Berger, J. & Moluki, S. (2007). Alone in a crowd of sheep: Asymmetric perceptions of conformity and their roots in an introspection illusion. *Journal of Personality and Social Psychology*, 92, 585–595.
72. Reis, H. T., Wheeler, L., Kernis, M. H., Spiegel, N. & Nezlek, J. (1985). On specificity in the impact of social participation on physical and psychological health. *Journal of Personality and Social Psychology*, 48(2), 456–471.
73. Francey, D. & Bergmuller, R. (2012). Images of eyes enhance investments in real-life public good, *Public Library of Science ONE*, 7, e37397.
    Bateson, M., Neble, D. & Roberts, G. (2006). Cues of being watched enhance cooperation in a real-world setting. *Biology Letters*, 2(3), 412.
74. Graziano-Breuning, L. (2011). *I, Mammal: How to make peace with the animal urge for social power*. Inner Mammal Institute.
75. Taylor, P. A. & Norval, D. G. (1976). The utility of education and abractiveness for females' status abainment through marriage. *American Sociological Review*, 41(3), 484–498.
76. Ekeh, P. P. (1974). *Social exchange theory: the two traditions*. London: Heinemann Educational.
    Murstein, B. I., Cerreto, M. & Mac Donald, M. G. (1977). A theory and investigation of the effect of exchange- orientation on marriage and friendship. *Journal of Marriage and the Family*, 39(3), 543–548.
77. Sapolsky, R. M. (1997). *The trouble with testosterone: and other essays on the biology of the human predicament*. New York: Simon & Schuster.
78. De Bobon, A. (2004). *Statusstress*. Stockholm: Wahlström & Widstrand.
79. M. Karafin m.fl. (2004). Dominance abributions following damage to the ventromedial prefrontal cortex. *Journal of Cognitive Neuroscience*, 16, 1796.

A. A. Marsh m.fl. (2009). Dominance and submission: The ventrolateral prefrontal cortex and responses to status cues. *Journal of Cognitive Neuroscience*, 21, 713.

80. Gilbert, D. T. *Stumbling On Happiness*. New York: A.A.
81. G. Sherman m.fl. (2012). Leadership is associated with lower levels of stress. *Proceedings of the National Academy of Sciences of the United States of America*, 109, 17903.
    Sapolsky, P. (2012). Importance of a sense of control and physiological benefits of leadership. *Proceedings of the National Academy of Sciences of the United States of America*, 109, 17730.
82. M. Karafin m.fl. (2004). Dominance abributions following damage to the ventromedial prefrontal cortex. *Journal of Cognitive Neuroscience*, 16, 1247.
    Farrow, T. (2011). Higher or lower? The functional anatomy of perceived allo centric hierarchies. *Neuroimage*, 57, 1552.
    C. F. Zink m.fl. (2008). Know your place: Neural processing of social hierarchy in humans. *Neuron*, 58, 273.
83. J. Chiao m.fl. (2009). Neural basis of preference for human social hierarchy versus egalitarianism. *Annual N Y Academic Sciences*, 1167, 174.
    J. Sidanius m.fl. (2012). You're inferior and not worth our concern: The interface between empathy and social dominance orientation. *Journal of Personality*, 81, 313.
84. Card, D. & Dahl, G. (2011). Family violence and football: The effect of the unexpected emotional cues on violent behavior. *Quarterly Journal of Economics*, 126, 103.
85. Montoya, E. R., Terburg, D. Bos, P. A. & van Honk, J. (2012). Testosterone, cortisol, and serotonin as key regulators of social aggression: A review and theoretical perspective. *Motivation and Emotion*, 36(1), 65–73.
86. Henry, P. J. (2009). Low-status compensation: A theory for understanding the role of status in cultures of honor. *Journal of Personality and Social Psychology*, 97(3), 451–466.
87. Rohles Jr., F. H. & Wilson, L. M. (1974). Hunger as a Catalyst in

Aggression. *Behaviour*, 48(1/2), 123–130.

88. Reay, J. L., Kennedy, D. O. & Scholey, A. B. (2006). Effects of Panax ginseng, consumed with and without glucose, on blood glucose levels and cognitive performance during sustained 'mentally demanding' tasks. *Journal of Psychopharmacology*, 20(6), 771–781.
Scholey, A. B., Harper, S. & Kennedy, D. O. (2001). Cognitive demand and blood glucose. *Physiology & Behavior*, 73(4), 585–592.
89. Gazzaniga, M. S. (2019). *The consciousness instinct: unraveling the mystery of how the brain makes the mind*. Farrar, Straus and Giroux.
90. Kahneman, D. & Deaton, A. (2010). High income improves evaluation of life but not emotional well-being. *Proceedings of the National Academy of Sciences of the United States of America*.
91. Ahuvia, A. (2008). If money doesn't make us happy, why do we act as if it does? *Journal of Economic Psychology*, 29(4), 491–507.
92. Keltner, D. (2009). *Born to be good: The science of a meaningful life*. W W Norton & Co.
93. Oveis, C., Horberg, E. J. & Keltner, D. (2010). Compassion, pride, and social intuitions of self-other similarity. *Journal of Personality and Social Psychology*, 98(4), 618–630.
94. Hamermesh, D. S. & Biddle, J. E. (1994). Beauty and the labor market. *The American Economic Review*, 84(5), 1174–1194.
Rhodes, G. (2006). The evolutionary psychology of facial beauty. *Annual Review of Psychology*, 57, 199–226.
Dipboye, R. L., Fromkin, H. L. & Wilback, K. (1975). Relative importance of applicant sex abractiveness and scholastic standing in job applicant resumés. *Journal of Applied Psychology*, 60(3), 30–43.
Curran, J. P. & Lippold, S. (1975). The effects of physical abraction and attitude similarity on abraction in dating dyads. *Journal of Personality*, 43(3), 528–539.
Cash, T. F. & Smith, E. (1982). Physical abractiveness and personality among American college students. *The Journal of Psychology: Interdisciplinary and Applied*, 111(2).
Pfann, G. A., Biddle, J. E., Hamermesh, D. S. & Bosman, C. M. (2000). Business success and businesses' beauty capital. *Economics Letters*,

67(2), 201–207.

Garcia, S., Stinson, L., Ickes, W., Bisonebe, V. & Briggs, S. R. (1991). Shyness and physical abractiveness in mixed-sex dyads. *Journal of Personality and Social Psychology*, 61(1), 33–49.

Feingold, A. (1992). Good-looking people are not what we think. *Psychological Bulletin*, 111(2), 304–341.

Raza, S. M. & Carpenter, B. N. (1987). A model of hiring decisions in real employment interviews. *Journal of Applied Psychology*, 72(4), 596–603.

Langlois, J. H. & Roggman, L. A. (1990). Abractive faces are only average. Family, consumers and human development. *Faculty Publications*, 1(2), 115–121.

Dion, K., Berscheid, E. & Walster, E. (1972). What is beautiful is good. *Journal of Personality and Social Psychology*, 24(3), 285–290.

Cherulnik, P. D. (1989). Physical abractiveness and judged suitability for leadership. *Annual Meeting of the Midwestern Psychological Association* (61st, Chicago, IL, May 4–6, 1989).

Rhodes, G. (2006). The evolutionary psychology of facial beauty. *Annual Review of Psychology*, 57, 199–226. Mathes, E. W. & Kahn, A. (1975). Physical abractiveness, happiness, neuroticism, and self-esteem. *The Journal of Psychology: Interdisciplinary and Applied*, 90(1).

Rhodes, G. (2006). The evolutionary psychology of facial beauty. *Annual Review of Psychology*, 57, 199–226.

Steffensmeier, D. J. & Terry, R. M. (1973). Deviance and respectability: An observational study of reactions to shopliiing. *Social Forces*, 51(4), 417–426.

95. A. Todorov m.fl. (2005). Inferences of competence from faces predict election outcomes. *Science*, 308(5728), 1623– 1626.

96. Wright, N. D., Bahrami, B., Johnson, E., Di Malta, G., Rees, G., Frith, C. D. & Dolan, R. J. (2012). Testosterone disrupts human collaboration by increasing egocentric choices. *Proceedings of the Royal Society* B, 2275.

Mehta, P. & Beer, J. (2010). Neural mechanisms of the testosterone-aggression relation: The role of orbifrontal cortex. *Journal of Cognitive*

Neuroscience, 22, 2357.

97. Waller, W. (1937). The rating and rating complex. *American Sociological Review*, 2(5), 727–734.
    Waller, W. & Hill, R. (1951). *The family: A dynamic interpretation*. New York: Dryden.
98. Emerson, R. M. (1962). Power-dependence relations. *American Sociological Review*, 27(1), 31–41.
    McDonald, G. W. (1981). Structural exchange and marital interaction. *Journal of marriage and the family*, 43(4), 825–839.
99. Munsch, C. L. (2015). Her support, his Support: money, masculinity, and marital infidelity. *American Sociological Review*, 80(3), 469–495.
100. Munsch, C. L. (2015). Her support, his support: money, masculinity, and marital infidelity. *American Sociological Review*, 80(3), 469–495.
101. Scrock, D. & Schwalbe, M. (2009). Men, masculinity, and manhood acts. *Annual Review of Sociology*, 35(1), 277–295.
102. Adams, J. S. (1965). Inequity in social exchange. I: L. Berkowitz (red.), *Advances in experimental social psychology* (Vol. 2, s. 267–299). New York: Academic Press.
103. Pierce, L., Dahl, M. S. & Nielsen, J. (2013). In sickness and in wealth: Psychological and sexual costs of income comparison in marriage. *Personality & Social Psychology Bulletin*, 39(3), 359–374.
    Tichenor, V. (2005). Maintaining mens dominance: Negotiating identity and power when she earns more. *Sex Roles*, 53(3–4), 191–205.
    Bibman, M., England, P., Sayer, L., Folbre, N. & Matheson, G. (2003). When does gender trump money? Bargaining and time in household work. *American Journal of Sociology*, 109(1), 186–214.
104. Gerson, K. (2010). *The unfinished revolution: How a new generation is reshaping family, work, and gender in America*. New York: Oxford University Press.
105. Livio, M. (2017). *Why?* New York: Simon & Schuster.
106. Berlyne, D. E. (1960). *McGrawHill series in psychology. Conflict, arousal, and curiosity*. McGraw-Hill Book Company.
107. Gazzaley, A. & Rosen, L. D. (2016). *The distracted mind: ancient brains in a high-tech world*. The MIT Press. Alter, A. L. (2017). *Irresistible:*

The rise of addictive technology and the business of keeping us hooked. New York: Penguin Press.

108. Hansen, A. (2019). *Skärmhjärnan*. Bonnier Fakta.
109. Gazzaley, A. & Rosen, L. D. (2016). *The distracted mind: ancient brains in a high-tech world*. The MIT Press.
110. Davis, D. (2015). *Disconnect: The truth about cell phone radiation, what the industry has done to hide it, and how to protect your family*. New York: Dubon Adult.
111. Anderson. S. (2009). In defense of distraction: Twiber, adderall, lifehacking, mindful jogging, powerbrowsing, Obama's Blackberry, and the benefits of overstimulation. *New York Magazine*, May 17.
112. CBS News, *Texting while walking, woman falls into fountain*, January 20, 2011.
113. Mirsky, S. (2013). Smartphone use while walking is painfully dumb. *Scientific American*, 309(6), November 19.
114. Basch, C. H., Ethan, D., Rajan, S. & Basch, E. (2014). Technology-related distracted walking behaviors in Manhaban's most dangerous intersections. *Injury Prevention*, March 25.
115. Thompson, L. L., Rivara, F. P., Ayyagari, R. C. & Ebel, B. E. (2013). Impact of social and technological distraction on pedestrian crossing behavior: An observational study. *Injury Prevention*, 19(4), 232–237.
116. Thompson, L. L., Rivara, F. P., Ayyagari, R. C. & Ebel, B. E. (2013). Impact of social and technological distraction on pedestrian crossing behavior: An observational study. *Injury Prevention*, 19(4), 232–237.
117. Schwebel, D. C., Stavrinos, D., Byington, K. W., Davis, T., O'Neal, E. E. & de Jong, D. (2012). Distraction and pedestrian safety: How talking on the phone, texting, and listening to music impact crossing the street. *Accident Analysis & Prevention*, 45, 266–271.
118. Parr, N. D., Hass, C. J. & Tillman M. D. (2014). Cellular phone texting impairs gait in able-bodied young adults. *Journal of Applied Biomechanics*, 30(6), 685–688.
119. Schwebel, D. C., Stavrinos, K. W., Byington, K. W., Davis, T, O'Neal, E. E. & de Jong, D. (2012). Distraction and pedestrian safety: How talking on the phone, texting, and listening to music impact crossing the street.

Accident Analysis and Prevention, 45, 266–271.

120. Stavrinos, D., Byington, K. W. & Schwebel, D. C. (2009). Effect of cell phone distraction on pediatric pedestrian injury risk. *Pediatrics*, 123(2), e179–e185.

Chaddock, L., Neider, M. B., Lutz, A., Hillman, C. H. & Kramer, A. F. (2012). Role of childhood aerobic fitness in successful street crossing. *Medicine and Science in Sports and Exercise*, 44, 749–753.

Colcombe, S. J., Kramer, A. F., Erikson, K. I., Scalf, P., McAuley, E., Cohen, N. J. m.fl. (2004). Cardiovascular fitness, cortical plasticity, and aging. *Proceedings of the National Academy of Sciences of the United States of America*, 101(9), 3316–3321.

Gazzaley, A. & Rosen, L. D. (2016). *The distracted mind: Ancient brains in a high-tech world*. MIT Press.

121. Strayer, D. L., Drews, F. A. & Crouch D. J. (2006). A comparison of the cell phone driver and the drunk driver. *HFES*, 48(2), 381–391.

122. Drews, F. A., Pasupathi, M. & Strayer, D. L. (2008). Passenger and cellphone conversations in simulated driving. *Journal of Experimental Psychology: Applied*, 14(4), 392.

123. Gazzaley, A. & Rosen, L. D. (2016). *The distracted mind: Ancient brains in a high-tech world*. The MIT Press.

124. Lemola, S., Perkinson-Gloor, S., Brand, S., Dewald-Kaufmann, J. F. & Grob, A. (2014). Adolescents electronic media use at night, sleep disturbance, and depressive symptoms in the smartphone age. *Journal of Youth and Adolescence*, 44(2), 405–418.

Hale, L. & Guan, S. (2015). Screen time and sleep among school-aged children and adolescents: A systematic literature review. *Sleep Medicine Reviews*, 21, 50–58.

125. Gradisar, M., Wolfson, A. R., Harvey, A. G., Hale, L., Rosenberg, R. & Czeisler, C. A. (2013). The sleep and technology use of Americans: Findings from the national sleep foundation's 2011 sleep in America poll. *Journal of Clinical Sleep Medicine*, 9(12), 1291–1299.

Bartel, K. A., Gradisar, M. & Williamson, P. (2015). Protective and risk factors for adolescent sleep: A meta-analytic review. *Sleep Medicine Reviews*, 21, 72–85.

126. National Sleep Foundation (2014). Sleep in America Poll: Sleep in the modern family. Summary of findings. *Harvard Medical School Family Health Guide*, Repaying you sleep debt (2016).

127. Common Sense Media (2012). *Entertainment media diets of children and adolescents may impact learning*, November 1.
Purcell, K., Rainie, L., Heaps, A., Buchanan, J., Friedrich, L., Jacklin, A., Chen, C. & Zickuhr, K. (2012). How teens do research in the digital world. *Pew internet & American Life Project*, Nov 1.

128. Chang, A-M., Aeschbach, D., Duffy, J. F. & Czeisler, C. A. (2015). Evening use of light-emitting eReaders negatively affects sleep, circadian timing, and next-morning alertness. *Proceedings of the National Academy of Sciences of the United States of America*, 112(4), 1232–1237.

129. Lanaj, K., Johnson, R. E. & Barnes, C. M. (2014). Beginning the workday yet already depleted? Consequences of late-night smartphone use and sleep. *Organizational Behavior and Human Decision Processes*, 124(1), 11–23.

130. Gazzaley, A. & Rosen, L. D. (2016). The distracted mind: Ancient brains in a hightech world. MIT Press.
Yeykelis, L., Cummings, J. J. & Reeves, B. (2014). Multitasking on a single device: Arousal and the frequency, anticipation, and prediction of switching between media content on a computer. *Journal of Communication*, 64, 167–192.

131. Cheever, N. A., Rosen, L. M., Carrier, L. M. & Chavez, N. A. (2014). Out of sight is not out of mind: The impact of restricting wireless mobile device use on anxiety levels among low, moderate and high users. *Computers in Human Behavior*, 37, 290–297.

132. Greenfield, D. N. (2000). The Nature of internet addiction: psychological factors in compulsive internet behavior. *Journal of eCommerce and Psychology*, 1, Number 2.
Greenfield, D. N. (1999). Psychological characteristics of compulsive internet use: a preliminary analysis. *CyberPsychology and Behavior*, 8, Number 5.
Greenfield, D.N. (2010). What Makes Internet Use Addictive? In K.

Young & Abreu, C.N. *Internet Addiction: a handbook for evaluation and treatment*. Wiley: New York.

133. Gulyayeva, O., Birk, S., Pérez-Edgar, K., Myruski, S., Buss, K. A. & DennisTiwary, T. A. (2017). Digital disruption? Maternal mobile device use is related to infant social-emotional functioning. *Developmental Science*.
134. Turkle, S. (2017). *Alone together: Why we expect more from technology and less from each other*. New York: Basic Books.
135. Steiner-Adair, C. (2013). *The big disconnect: Protecting childhood and family relationships in the digital age* (first edition). New York: Harper.
136. Uhls, Y. T., Michikyan, M., Morris, J., Garcia, D., Smalle, G. W., Zgourou, E. & Greenfield, P. M. (2014). Five days at outdoor education camp without screens improves preteen skills with nonverbal emotion cues. *Computers in Human Behavior*, 39, 387–392.
137. Misra, S., Cheng, L., Genevie, J. & Yuan, M. (2014). The iPhone Effect: The quality of in-person social interactions in the presence of mobile devices. *Environment and Behavior*, 1–24.
138. Alosaimi, F. D., Alyahya, H., Alshahwan, H., Al Mahyijari, N. & Shaik, S. A. (2016). Smartphone addiction among university students in Riyadh, Saudi Arabia. *Saudi Medical Journal*, 37(6), 675–683.

     Ward, A. F., Duke, K. D. Gneezy, A. & Bos, M. W. (2017). Brain Drain: The mere presence of one's own smartphone reduces available cognitive capacity. *Journal of the Association for Consumer Research*, 2(2), 140–154.
139. Ward, A. F., Duke, K., Gneezy, A. & Bos, A. W. (2017). Brain drain: The mere presence of one's own smartphone reduces available cognitive capacity. *Journal of the Association for Consumer Research*, 2(2), 140–154.
140. Fried, C. B. (2008). In-class laptop use and its effects on student learning. *Computers & Education*, 50, 906–914.

     Bailey, B. A. & Konstan, J. A. (2006). On the need for abention-aware systems: measuring effects of interruption on task performance, error rate, and affective state. *Computers in Human Behavior*, 22, 685–708.

     Kuznekoff, J. H. & Titsworth, S. (2013). The impact of mobile phone

usage on student learning. *Communication Education*, 62(3), 233–252.
Richard E. Mayer & Moreno, R. (2003). Nine ways to reduce cognitive load in multimedia learning. *Educational Psychologist*, 38(1), 43–52.

141. Adamczyk P. D. & Bailey B. P. (2004). If not now, when? The effects of interruption at different moments within task execution. *Proceedings of CHI'04*, 271–278.
Czerwinski, M., Horvitz, E. & Wilhite, S. (2004). A diary study of task switching and interruptions. *Proceedings of CHI'04*, 175–182.
Gillie, T. & Broadbent, D. (1989). What makes interruptions disruptive? A study of length, similarity and complexity. *Psychological Research*, 50, 243–250.
142. Kelly, S. A. (2012). Are you afraid of mobile phone separation? You may have nomophobia like half the population.*mashable.com*, July 13.
Cheever, N. A., Rosen, L. D., Carrier, L. M. & Chavez, A. (2014). Out of sight is not out of mind: The impact of restricting wireless mobile device use on anxiety among low, moderate, and high users. *Computers In Human Behavior*, 37, 290–297.
143. Mueller, P. A. & Oppenheimer, D. M. (2014). The pen is mightier than the keyboard: advantages of longhand over laptop note taking. *Psychological Science*.
144. Gazzaley, A. & Rosen, L. D. (2016). *The distracted mind: ancient brains in a high-tech world*. The MIT Press.
145. Barbalet, J. M. (1999). Boredom and social meaning. *British Journal of Sociology*, 50(4), 631–646.
146. Fromm, E. (1973). *The anatomy of human destructiveness*. New York: Holt McDougal.
147. Prot, S., McDonald, K. A., Anderson, C. A. & Gentile, D. A. (2012). Video games: Good, bad, or other? *Pediatric Clinics*, 59(3), 647–658.
148. Josefsson, D. & Linge, E. (2008). *Hemligheten. Från ögonkast till varaktig relation*. Natur & Kultur.
149. Berman, M. G., Kross, E., Krpan, K. M., Askren, M. K., Burson, P. J., Deldin, P. J., Kaplan, S., Sherdell, L., Gotlib, I. H. & Jonides, J. (2012). Interacting with nature improves cognition and affect for individuals with depression. *Journal of Affective Disorders*, 140(3), 300–305.

Taylor, A. F. & Kuo, F. E. (2009). Children with abention deficits concentrate beber aier walk in the park. *Journal of A_ention Disorders*, 12(5), 402–409.

150. Einhorn, S. (2014). *De nya dödssynderna*. Stockholm: Forum.
151. Mueller, C. M. & Dweck, C. S. (1998). Praise for intelligence can undermine children's motivation and performance. *Journal of Personality and Social Psychology*, 75(1), 33–52.
152. Corr, P. J. & Mabhews, G. (2009). *The Cambridge handbook of personality psychology* (1. publ. ed.). Cambridge: Cambridge University Press.
153. DeYoung, C. G., Hirsh, J. B., Shane, M. S., Papademetris, X., Rajeevan, N. & Gray, J. R. (2010). Testing predictions from personality neuroscience. Brain structure and the big five. *Psychological science*, 21(6), 820–828.
154. DeYoung, C. G., Peterson, J. B. & Higgins, D. M. (2005). Sources of openness/intellect: cognitive and neuropsychological correlates of the fiih factor of personality. *Journal of Personality*, 73, 825–858. DeYoung, C. G., Hirsh, J. B., Shane, M. S., Papademetris, X., Rajeevan, N. & Gray, J. R. (2010). Testing predictions from personality neuroscience. Brain structure and the big five. *Psychological science*, 21(6), 820–828. Suhara, T., Yasuno, F., Sudo, Y., Yamamoto, M., Inoue, M., Okubo, Y. & Suzuki, K. (2001). Dopamine D2 receptors in the insular cortex and the personality trait of novelty seeking. *Neuroimage*, 13, 891–895.
155. Reuter, M., Roth, S., Holve, K. & Henning, J. (2006). Identification of first candidate genes for creativity: a pilot study. *Brain Research*, 1069(1), 190–197.

   Digman, J. M. (1997). Higher order factors of the Big Five. *Journal of Personality and Social psychology*, 73, 1246–1256.

   DeYoung, C. G., Peterson, J. B. & Higgins, D. M. (2001). Higher-order factors of the big five predict conformity: Are there neuroses of health? *Personality and Individual Differences*, 33, 533–552.
156. Deyoung, C. G. (2006). Higher-order factors of the big five in a multi-informant sample. *Journal of Personality and Social Psychology*, 91, 1138–1151.

Feist, G. J. (2017). The creative personality: Current understandings and debates. I: J. A. Plucker (red.), *Creativity and innovation: Theory, research, and practice* (s. 181–198). Prufrock Press.

Feist, G. J. (1998). A meta-analysis of personality in scientific and artistic creativity. *Personality and Social Psychological Review*, 2, 290–309.

Feist, G. J. (2010). Function of personality in creativity. I: J. C. Kaufman & R. J. Sternberg (red.), *The Cambridge Handbook of Creativity* (s. 113–130). Cambridge University Press.

157. Silvia, P. J., Nusbaum, E. C., Berg, C., Martin, C. & O'Conner, A. (2009). Openness to experience, plasticity, and creativity: Exploring lower-order, higher-order, and interactive effects. *Journal of Research in Personality*, 43, 1087–1090.

Karwowski, M. & Lebuda, I. (2016). The big five, the huge two, and creative self-beliefs: a meta-analysis. *Psychology of Aesthetics, Creativity, and the Arts*, 10, 214–232.

Puryear, J. S., Kebler, T. & Rinn, A. N. (2017). Relationships of personality to differential conceptions of creativity: a systematic review. *Psychology of Aesthetics, Creativity, and the Arts*, 11, 59–68.

Agnoli, S., Franchin, L., Rubaltelli, E. & Corazza, G. E. (2015). An eye-tracking analysis of irrelevance processing as moderator of openness and creative performance. *Creativity Research Journal*, 27, 125–132.

Chang, C. C., Wang, J. H., Liang, C. T. & Liang, C. (2014). Curvilinear effects of openness and agreeableness on the imaginative capability of student designers. *Social Cognitive and Affective Neuroscience*, 14, 68–75.

Chen, B-B. (2016). Conscientiousness and everyday creativity among Chinese undergraduate students. *Personality and Individual Differences*, 102, 56–59.

Ivcevic, Z. & Brackeb, M. A. (2015). Predicting creativity: interactive effects of openness to experience and emotion regulation ability. *Psychology of Aesthetics, Creativity, and the Arts*, 9, 480–487.

Kaufman, S. B., Quilty, L. C., Grazioplene, R. G., Hirsh, J. B., Gray, J. R., Peterson, J. B. & Deyoung, C. G. (2016). Openness to experience and intellect differentially predict creative achievement in the arts and sciences. *Journal of Personality*, 84, 248–258.

Kirsch, C., Lubart, T. & Houssemand, C. (2016). Comparing creative profiles: Architects, social scientists and the general population. *Personality and Individual Differences*, 94, 284–289.

Puryear, J. S., Kebler, T. & Rinn, A. N. (2017). Relating personality and creativity: considering what and how we measure. *Journal of Creative Behavior*.

Karwowski, M. & Lebuda, I. (2016). The big five, the huge two, and creative self-beliefs: a meta-analysis. *Psychology of Aesthetics, Creativity, and the Arts*, 10, 214–232.

Kandler, C., Riemann, R., Spinath, F. M., Borkenau, P. & Penke, L. (2016). The nature of creativity: The roles of genetic factors, personality traits, cognitive abilities, and environmental sources. *Journal of Personality and Social Psychology*, 111, 230–249.

Tyagi, V., Hanoch, Y., Hall, S. D., Runco, M. & Denham, S. L. (2017). The risky side of creativity: Domain specific risk taking in creative individuals. *Frontiers in Psychology*, 8, 1–9.